Jorge Luis Chinchilla Valverde

Uma breve panorâmica histórica do conceito de número

Jorge Luis Chinchilla Valverde

Uma breve panorâmica histórica do conceito de número

A importância da história do número para os professores do ensino secundário

ScienciaScripts

Imprint

Cover image: www.ingimage.com

This book is a translation from the original published under ISBN 978-613-9-43493-0.

Publisher:
Sciencia Scripts
is a trademark of
Dodo Books Indian Ocean Ltd. and OmniScriptum S.R.L publishing group

120 High Road, East Finchley, London, N2 9ED, United Kingdom
Str. Armeneasca 28/1, office 1, Chisinau MD-2012, Republic of Moldova, Europe
Printed at: see last page
ISBN: 978-620-8-33527-4

Conteúdo

Agradecimentos

Alexandre, Diana e Cláudio, os meus mais sinceros agradecimentos.

A Edwin Castro, pela sua contribuição, pelo seu conhecimento. Um grande amigo e um grande professor. Sem o seu apoio, este trabalho não teria sido possível.

Resumo

O objetivo deste trabalho é fazer uma breve viagem histórica por diferentes momentos da antiguidade, onde houve a necessidade de desenvolver estratégias e soluções que permitissem aos povos da época criar ou assimilar a noção de número.

Este estudo aborda as estratégias primitivas de contagem do homem, que podem constituir um registo numérico desde a pré-história; desde o pensamento das civilizações antigas, como a Mesopotâmia e o Egito, até aos desenvolvimentos matemáticos mais avançados da Grécia e de Roma.

Examinaremos o modo como diferentes culturas responderam aos desafios da quantificação e representação de quantidades e como os seus métodos numéricos e notações evoluíram ao longo do tempo. Além disso, será analisado o impacto destas inovações no desenvolvimento dos negócios, da astronomia, da arquitetura e de outras áreas importantes da vida quotidiana e do conhecimento humano. Espera-se oferecer uma visão abrangente do modo como o conceito digital tem sido essencial para o progresso da civilização e como a sua compreensão e utilização têm sido cruciais para o desenvolvimento da ciência e da tecnologia ao longo da história. O tema dos números irracionais apresenta um certo grau de dificuldade no ensino secundário, onde diferentes investigadores, como Sirotic & Zazkis (2004), mostram que este tema não é facilmente assimilado pelos alunos, e mesmo alguns professores de matemática não têm clareza do seu conceito. Por esta razão, apresentar-se-ão brevemente algumas noções muito básicas de alguns números irracionais presentes nas civilizações acima mencionadas. A saber:

- Antigo Egito
- Antiga Babilónia
- Grécia Antiga.
- Roma Antiga
- China Antiga.

Introdução

No ensino básico e secundário, o processo de ensino dos números está enquadrado num único conhecimento numérico, que procura um fio condutor que o unifique e o torne homogéneo. A este respeito, no caso da Costa Rica, é necessário ligar os diferentes conjuntos contemplados nos programas de estudo de Matemática do Ministério da Educação, de modo a que os alunos consigam construir, no final do seu processo, um conhecimento do conjunto dos números reais.

Neste sentido, quando os alunos entram no nível inicial, entram num processo que procura reforçar as noções fundamentais do conjunto dos números naturais, que não é novo para eles: as crianças conhecem os números naturais, que aprendem na sua família ou comunidade. No ensino básico, as crianças trabalham com os números naturais de forma concreta nos primeiros anos, utilizando objectos para contar e resolver operações; depois, alargam os seus conhecimentos através da generalização e da resolução de problemas escritos sobre situações pressupostas.

É evidente que no conjunto dos números naturais, dados dois números a e b, a sua soma: $a+b$, é outro número natural e o seu produto: a - b, é também um número natural. No entanto, embora neste conjunto se possam efetuar duas outras operações, a subtração e a divisão, em alguns casos o resultado da subtração ou da divisão de dois números naturais nem sempre é um número natural.

Isto leva à necessidade de estudar outro conjunto de números: os números inteiros. Isto significa a necessidade de alargar um sistema numérico que os alunos já conhecem. Embora o conceito de números negativos seja novo para eles, na sua idade (11-12 anos em média), também não está longe do seu conhecimento, pois já conhecem situações que lhes permitem relacionar-se com estes números através de contextos que invocam cenários do seu ambiente, como é o caso de problemas específicos de lucros e perdas, para citar um exemplo clássico. Esse novo conjunto que se forma é chamado de Conjunto dos Inteiros e é denotado pelo símbolo Z.

Da mesma forma, a partir do ensino fundamental, os alunos intuitivamente dão os primeiros passos no estudo dos números racionais quando trabalham com frações positivas e sua notação decimal. Isso permite que eles tenham conhecimentos prévios para o estudo desse conjunto e, novamente, através de situações associadas ao seu meio, poderão estabelecer os elementos que o compõem, sua respectiva notação e algumas caraterísticas que os três conjuntos em estudo apresentam: N, Z e Q.

Para os alunos, a assimilação desses três conjuntos representa um desafio que eles devem enfrentar de forma natural, associando-os a situações comuns a eles. No entanto, esta tendência concreta apresenta sérias dificuldades no início do estudo dos números irracionais. O professor varia a forma como ensina este novo conjunto de números aos seus alunos, passando de situações concretas para um conceito abstrato, em alguns casos desligado de qualquer realidade quotidiana, o que gera um obstáculo epistemológico para o aluno e, consequentemente, uma rutura na sua perceção do conceito de número. No entanto, a aprendizagem deste conteúdo deverá permitir aos alunos "diferenciar" os números racionais dos irracionais, o que é essencial para a construção do conceito de número real.

Assim, aprender como civilizações antigas como a Mesopotâmia e o Egito desenvolveram sistemas numéricos básicos fornece uma base sólida sobre a origem e a evolução dos números. Esta perspetiva histórica ajuda os alunos a apreciar a importância do conceito de número no seu ambiente e no desenvolvimento do conhecimento humano. Além disso, aprender sobre os desenvolvimentos matemáticos na Grécia e em Roma, onde os conceitos-chave foram formalizados, permite aos alunos reconhecer a continuidade e o progresso no domínio da matemática.

Ao estudar a história dos números, tanto os alunos como os professores de uma turma podem analisar a forma como as ideias matemáticas foram aperfeiçoadas e alargadas ao longo do tempo. Esta compreensão histórica enriquece a sua aprendizagem dos números inteiros, racionais e mesmo irracionais, mostrando-lhes como estes conceitos foram utilizados e desenvolvidos para resolver problemas reais. Ao mesmo tempo, dá-lhes uma perspetiva mais alargada e um maior apreço pelo trabalho dos primeiros matemáticos, promovendo uma atitude mais positiva e curiosa em relação à Matemática. Conhecer a origem e a evolução dos números também ajuda os alunos a ver a matemática não apenas como um conjunto de regras abstractas, mas como uma disciplina viva e em constante evolução.

Por esta razão, o presente material centra-se no conhecimento e análise de diferentes situações históricas que envolvem o desenvolvimento evolutivo do conceito de número e, em particular, na análise de alguns elementos que levaram à conformação do conceito e tratamento do número irracional, visto a partir da perspetiva da época e da cultura apresentada; tudo isto com o objetivo de procurar ferramentas didácticas que permitam a aprendizagem do mesmo.

CAPÍTULO 1

Porquê o interesse pela história dos números?

Como indicado anteriormente, no ensino secundário, em geral, o ensino dos números reais é efectuado em torno do estudo dos subconjuntos que o compõem: números naturais, inteiros, racionais e irracionais, para finalmente se obter o conjunto dos números reais. É assim que, a partir da sala de aula, os alunos, através dos seus processos de construção cognitiva, vão construindo o conceito de número real em momentos sucessivos da sua aprendizagem.

No entanto, apesar de esta construção ser feita de forma gradual, desde a escola até ao momento de começar com este conjunto de números, vale a pena perguntar qual o grau de compreensão que os alunos têm do conceito de números reais. Como professores de matemática, a experiência pessoal permitiu-nos observar que, na melhor das hipóteses, muitos dos alunos manipulam as operações com números reais de forma mecânica, recitam as propriedades e caraterísticas deste conjunto, mas não encontram aplicação e significado nelas. Para além disso, Zazkis e Sirotic (2010) referem que tanto os alunos como os professores têm problemas em reconhecer os números racionais e irracionais. Neste sentido, ambos os autores indicam que "uma das fontes de confusão entre números racionais e irracionais é o uso comum da aproximação racional aos irracionais" (p.1).

Para além do exposto, Crespo (2008) concorda com esta avaliação, salientando que: "muitas vezes os professores acreditam que estes números foram construídos de forma adequada, no entanto, surgem por vezes indícios que mostram que os números irracionais não são construídos corretamente. A irracionalidade de alguns números reais é um conceito que muitas vezes carece de significado para os alunos (p. 1)". Isto leva ao facto de estes mesmos alunos não darem, muitas vezes, sentido ao trabalho que realizam na sala de aula de matemática. De facto, não é estranho afirmar que o conhecimento matemático apresentado nas escolas e centros educativos não é, por vezes, percebido como uma atividade social, pelo contrário, é apresentado como conceitos completos cujo percurso de aprendizagem passa pela instrumentalização da memória, os resultados são dados como adquiridos, deixando de lado as necessidades, a construção histórica dos mesmos.

Por sua vez, Caicedo & Madrigal (2017) atribuem em grande parte a relutância e a apatia dos alunos aos métodos tradicionais de ensino e à forma como os conceitos matemáticos são ensinados na sala de aula. Pode dizer-se que esta forma de ensinar matemática cria ignorância e confusão entre os alunos, pelo que a consideram uma ciência "fria" e apenas como algo indispensável para aprender para avaliação, porque não cria motivação e significado neles.

No entanto, esta ausência de significado que os alunos têm nos números racionais e irracionais é suscetível de aumentar, por exemplo, muitos professores têm sérios problemas no domínio e gestão do conceito de números irracionais. Sirotic e Zazkis (2007) afirmam que um grande número de professores de matemática do ensino secundário não tem uma compreensão clara do que é efetivamente um número irracional, limitando-o simplesmente à caraterística particular da sua expansão decimal infinita não periódica, em contraste com os números racionais. Assim, não é difícil pensar que alguns alunos têm uma base concetual fraca na construção de estruturas de conjuntos numéricos envolvendo números irracionais e na construção do pensamento numérico. Para além do significado, é também importante observar a estrutura do pensamento numérico, as comparações, as estimativas, as ordens de grandeza, etc. Os aspectos fundamentais não são tidos em conta nos estudos.

É necessário sublinhar que, numa perspetiva evolutiva, concetual e histórica, o ensino e a aprendizagem da matemática é um elemento cultural e antropológico que inclui tanto a visão do professor sobre a dimensão humana como os interesses das pessoas ao longo do tempo; compreendendo e desenvolvendo-se com base naquilo que se está interessado em aprender. Continuando no caso do conjunto dos irracionais, encontramos em Sirotic e Zazkis (2007) resultados obtidos há várias décadas por Arcavi, Bruckheimer e Ben-Zvi (1987), onde se expõe o facto de que as deficiências dos estudantes de matemática e dos professores de matemática na compreensão do número irracional são por vezes surpreendentes. É apontado que existem sérias deficiências na parte concetual, o que gera ideias vagas, incoerentes e fragmentárias. Estes autores afirmam que as causas que conduziram a este problema são a apresentação do número irracional nos manuais escolares em ligação com muito poucos exemplos, como o número *n* ou as razões quadradas dos números 2 ou 3. Estas fragilidades devem levar-nos a refletir, analisar e estudar o ensino e a aprendizagem do número, em particular do número irracional.

Estes investigadores apresentam várias conclusões sobre os conhecimentos, as concepções e/ou as ideias erradas dos professores sobre os números irracionais. Uma das conclusões mais marcantes do seu estudo é o facto de existir uma crença generalizada entre os professores de que a irracionalidade se baseia nos decimais. Sirotic e Zazkis (2007, p.1).

Podemos, portanto, sublinhar que os inconvenientes acima referidos dificultam a compreensão, a aprendizagem e o desenvolvimento do pensamento numérico, especialmente o pensamento relacionado com os números irracionais. Tudo isto exige recomendações pedagógicas alternativas, por exemplo, as baseadas na evolução histórica, bem como uma utilização crítica dos novos recursos tecnológicos para professores e alunos. Isto permitir-nos-á construir coerentemente as extensões dos conjuntos numéricos anteriormente expostos, em particular o conjunto dos números irracionais. Aprender de forma crítica e analítica com os alunos pode levar a um crescimento e maturidade lógicos que não podem ser alcançados através da aprendizagem mecânica. A maturidade permite compreender os conceitos formais de definição de irracionalidade e, ao mesmo tempo, estar consciente das dificuldades e dos problemas decorrentes dos processos históricos que precisamente deram origem a este conceito, mas sobretudo adaptar algumas ideias à visão da escola de melhorar o ensino tradicional nas nossas salas de aula.

É importante ter em conta que o conceito de número irracional está intimamente ligado ao de número racional. De facto, poder-se-ia dizer que uma forma de "abordar" um número irracional é aproximá-lo por números racionais. No entanto, a construção mecânica de conteúdos aritméticos e algébricos presente em muitos alunos limita a possibilidade de verem estas matérias e a própria matemática como uma disciplina rica em significado e sentido; pelo contrário, visualizam-na como um conjunto de símbolos, regras e procedimentos aplicados mecanicamente e sem significado para o próprio aluno.

Esta perspetiva é produto do tipo de actividades que são desenvolvidas na sala de aula, que não favorecem a construção de significados dos conceitos matemáticos que estão presentes na noção de número irracional. Assim, a ausência de significado acima mencionada, leva por vezes a que o conceito de irracionalidade seja um conceito difícil de assimilar e desprovido de significado num texto próximo do aprendente; por isso, uma atenção cuidadosa à didática é essencial para um desenvolvimento adequado do conceito.

Esta situação torna imprescindível a criação de contextos educativos que permitam desenvolver em maior grau o significado concetual que está imerso no número irracional, o que permitirá uma construção mais sólida do mesmo. É o que afirma Crespo (2008) quando indica:

O conceito de número real e, em particular, de número irracional não pode ser construído por meio de uma abordagem que exija dos alunos apenas uma compreensão superficial de alguns pontos isolados, como a assimilação de regras de leitura, escrita e operações com esses números.

(p: 28)

No entanto, a falta de contextos educativos ou de estratégias de ensino mais significativas para os alunos é agravada quando os professores pouco sabem sobre a presença de números racionais e irracionais em diferentes situações do quotidiano, de onde surge a razão de ser da disciplina.

Considerando os aspectos já apontados, destacamos o uso da história da matemática como ferramenta didática. Nesse sentido, Arcavi, Bruckheimer e Ben-Zvi (1987, citados por Sirotic e Zazkis, 2007) apontam que as origens históricas dos irracionais e suas conexões com seus conhecimentos ajudarão o professor, e o aluno, a compreender esse conjunto como uma atividade que faz parte da cultura dos povos de forma mutável de acordo com as crenças e necessidades de cada momento. Na mesma linha, Miralles & Deulofeu (2005) indicam:

O desconhecimento da história da matemática pelo próprio professor leva a que a matemática seja transmitida aos alunos como se fosse um elemento isolado, sem precedentes ou consequências posteriores para o progresso do conhecimento científico. Entendemos que é neste ponto que o conhecimento da história dos conceitos matemáticos pode ser de grande ajuda.

(p: 104)

De acordo com o exposto, este trabalho analisa aspectos históricos do conceito de número, mostrando elementos da utilização dos números racionais e irracionais em algumas sociedades da antiguidade, que tornam evidente a sua necessidade e existência. O estudo da "abordagem à evolução" histórica do conceito de número racional e irracional será apresentado indicando os contributos de matemáticos e de civilizações antigas que promoveram o estudo deste conceito, de modo a adquirir uma melhor imagem da sua construção e, a partir daí, procurar estratégias que nos permitam abordar as estruturas conceptuais associadas à evolução histórica do conceito destes números. Este é um caminho que nos pode ajudar, enquanto professores de matemática, a repensar os elementos didácticos oferecidos pelos vários manuais escolares e os esquemas conceptuais associados dos professores de matemática.

CAPÍTULO 2

Evolução histórica do problema da numeração

Os números são tão comuns na nossa vida quotidiana que causam a perceção enganadora de que são inerentes e, na idade adulta, tendemos a assumir que sempre estiveram presentes nas nossas mentes, tal como a linguagem, apenas mais uma ferramenta a ser aprendida.

Como professores de matemática, é necessário saber um pouco mais sobre os algarismos a que chamamos números e que utilizamos de forma quase inata no nosso contexto quotidiano, como indicado acima. Se tentarmos recuar no tempo, para além da existência dos nossos algarismos hindus, árabes e romanos, vale a pena perguntar: ^Existiram outros números antes deles? Se sim^ ^ como é que eles eram? Podemos até falar de símbolos egípcios, babilónicos e até orientais, mas se nos esforçarmos por recuar mais na história, podemos imaginar um início em que a procura da origem dos números possa revelar algum vestígio da brilhante invenção do primeiro ser humano que concebeu a ideia de contar.

A este respeito, e na mesma linha de Ifrah (1987), vale a pena perguntar: (Qual foi a principal razão que levou as pessoas a desenvolverem a noção de número? A procura de respostas a esta questão conduz-nos inevitavelmente a um universo de conjecturas: terá sido a necessidade de resolver uma preocupação astronómica de registar as fases lunares, ou terá sido o facto de, observando as duas mãos e os dois pés, terem descoberto o mesmo número de dedos, ou ainda a obrigação de contar os seus animais sob a forma de marcas num osso?

Em relação ao exposto, este mesmo autor refere que existem "boas razões" para acreditar que houve um tempo em que os seres humanos não sabiam contar, mas isso não implica que lhes faltasse a noção de número, mas sim que essa ideia se confinava a uma espécie de sentido numérico, isto é, àquilo que a perceção direta lhes permitia reconhecer num relance. Do exposto pode deduzir-se que o conceito de número é uma realidade concreta inseparável dos objectos e que só se manifesta na perceção direta da pluralidade física.

Por conseguinte, há muito que o ser humano se preocupa com a representação de quantidades. A este respeito, Everret (2021) observa

Os termos para quantidades desempenham um papel generalizado e quase universal nas línguas humanas contemporâneas, desempenhando um papel proeminente na história do mundo falado. Do mesmo modo, o foco numérico dos seres humanos é notório no registo arqueológico e na história dos sistemas de escrita. Os números estão literalmente gravados no nosso registo histórico.

(p: 9)

Assim, desde o início da história da humanidade, o homem sentiu a necessidade de contar os seus objectos, de medir a passagem do tempo, de registar a colheita das suas culturas, de contar os seus animais e de representar medidas reais com símbolos. Os símbolos procuraram representar números e os números moldaram a maioria das culturas. Ao longo do tempo, transformaram os padrões humanos de subsistência, tornaram possível a expansão e o domínio do nosso ambiente, permitindo o desenvolvimento de outras técnicas, como a agricultura, a astronomia e, mais tarde, a arquitetura (babilónios, sumérios, egípcios), essenciais para o conhecimento humano e inconcebíveis sem a especulação numérica.

A este respeito, Everett (2021) chama a atenção para o facto de que:

Nas últimas décadas, os arqueólogos descobriram numerosos artefactos que mostram que os povos da antiguidade prestavam atenção às quantidades e que as representavam em duas dimensões: não numa escrita totalmente desenvolvida, mas em marcas pintadas nas paredes das cavernas, bem como em gravuras em madeira e osso. Estas marcas de contagem são simbólicas, no sentido em que se referem a outra coisa.

(p: 28)

Como resultado, foram criados diferentes sistemas numéricos. Cada cultura desenvolveu diferentes sistemas numéricos e símbolos para os exprimir, alguns dos quais sobreviveram e outros perderam-se. Assim, entre os que conhecemos hoje, como produto de um longo processo de estudo e mudança, temos os números complexos, os números imaginários, os números reais, os números irracionais, os números racionais, os números inteiros e os números naturais.

Neste artigo iremos comentar a evolução histórica do conceito de número. As diversas descobertas arqueológicas realizadas até à data revelaram vários tipos de manifestações que foram registadas sob a forma de arte figurativa, tais como enterramentos com utensílios mortuários, adornos corporais, diferentes instrumentos musicais, ou marcas (lineares, pontuadas, etc.) colocadas intencionalmente em diferentes superfícies, entre as quais podemos encontrar a forma Htica e, sobretudo, as marcas ósseas. É a este último grupo de manifestações, muitas vezes conhecidas como "marcas de caça", que pertencem aqueles que são provavelmente os primeiros registos contabilísticos da história da humanidade.

É de notar que nem todas as marcas deixadas pelos seres humanos há dezenas de milhares de anos são deliberadas, nem todas as que são deliberadas têm qualquer tipo de representação de um registo contabilístico. Por esta razão, apenas nos concentraremos em mostrar alguns achados arqueológicos que são evidências de registos deliberados.

Para além do exposto, Gonzalez et al (2010) referem que se deve ter em consideração que todos os materiais paleohistóricos que apresentam entalhes, gravuras ou desenhos não têm necessariamente uma finalidade ou utilização contabilística. Assim, só em situações em que se observam determinadas combinações, agrupamentos ou padrões específicos é que podemos afirmar com alguma credibilidade que estamos perante um registo contabilístico e, portanto, perante um vestígio fóssil de um pensamento matemático. Assim, estes autores defendem que [...] "aplicando este critério, observaremos que as primeiras amostras relativamente evidentes de pensamento matemático pertencem a épocas bastante recentes da história da humanidade, concretamente ao Paleozoico Superior (35.000-10.000 BP) ou, no máximo, a épocas imediatamente anteriores". Gonzalez et al (2010).

História da educação matemática

Se tivermos em conta a história da matemática no processo de aprendizagem desta disciplina, isso ajudará os alunos a construírem o conhecimento matemático com mais significado e a libertarem-se da ideia de que é apenas um conteúdo didático a ser cumprido num programa de estudos. Dessa forma, e como aponta Gonzalez (2004), do ponto de vista da eficácia pedagógica, não só a curto, mas também a médio e longo prazo, a história pode contribuir para a transmissão de conhecimentos e saberes a serem abordados, e para despertar no aluno atitudes e hábitos metodológicos de acordo com os procedimentos científicos, dando à matemática uma visão prática, agradável e viva, longe do que se apresenta na maioria de nossas salas de aula, como um produto dogmático, fechado e acabado.

É, portanto, inevitável encontrar espaços nas nossas salas de aula e ambientes de aprendizagem para o erro, o debate de ideias e a compreensão dos fenómenos matemáticos. Ao efetuar estas mediações, o professor consegue atenuar a imagem negativa do que é o Ensino e a Aprendizagem da Matemática, considerando de extrema importância a integração da História da Matemática no seu Ensino, vista para além de um simples conteúdo didático.

É necessário salientar, em primeiro lugar, que a discussão sobre o uso didático da História da Matemática não é algo novo. No entanto, Toumasis (1995) citado por Chaves & Salazar (2003) considera que, embora muito se tenha falado sobre a necessidade de incorporar a História da Matemática na Educação Matemática, o material sobre como usar a História da Matemática nos processos de sala de aula é limitado.

Além disso, Lupiannez (2009) salienta que é necessário compreender que a utilização correta da história não é uma tarefa fácil para os professores, uma vez que muitos deles geralmente não têm formação nesta área, e que, por conseguinte, não é fácil para os alunos compreenderem a sua utilidade pedagógica.

Por esta razão, o estudo da História da Matemática permite-nos conhecer a razão da origem de diferentes conceitos, porque surgiram e a que é que pretendiam responder. Permite-nos saber como surgiram os diferentes termos e notações que usamos atualmente. Estudar os problemas que se colocavam noutra época e como evoluíram, permite aos próprios alunos fazer uma análise crítica e até deduzir tal como faziam os matemáticos antigos.

Considerando o exposto e o que Guzman (2007) afirma: "o conhecimento da história da matemática deve ser parte indispensável da bagagem de conhecimentos do matemático em geral e do professor em qualquer nível de ensino", este trabalho tem como foco analisar aspectos históricos relacionados aos números racionais e irracionais. O objetivo é que os professores compreendam as situações históricas que demonstram a necessidade e a existência destes números, facilitando assim uma construção significativa destes conceitos.

Por fim, Urbaneja (2004) afirma que existem várias motivações para o ensino da matemática e, com certeza, a forma de ensinar será influenciada positivamente por essa nova atitude criada pelo conhecimento da história. A este respeito, ele dá uma justificação muito apropriada para o objetivo deste trabalho:

A matemática recreativa baseia-se, em grande parte, em problemas que tiveram interesse ao longo da história da matemática. É, portanto, um manancial de problemas curiosos que podem ser tratados de forma lúdica como actividades fora da sala de aula e no âmbito de actividades culturais complementares.

(Urbaneja: 24)

CAPÍTULO 3

A necessidade de saber, enquanto educadores matemáticos, sobre algumas culturas antigas.

Quando se fala dos primeiros passos da matemática, é necessário precisar que as primeiras matemáticas necessitavam de uma base prática para o seu desenvolvimento, base essa que surgia paralelamente às formas de progresso da sociedade que a formulava. Esta situação aparece nas cidades que se estabeleceram ao longo dos grandes rios em África e na Ásia, onde surgiram novas formas de colectividades: o Nilo em África, o Tigre e o Eufrates na Ásia Ocidental, os Hindus e depois o Ganges na Ásia Centro-Sul, o Hwang Ho e depois o Yangtze na Ásia Oriental. Com a drenagem dos pântanos, o controlo das inundações e a irrigação, foi possível transformar estas terras ao longo dos dois rios em regiões agrícolas ricas. Foram empreendidos projectos de engenharia de grande envergadura, que exigiam financiamento e administração, o que implicou a criação de um conhecimento técnico considerável, acompanhado de matemática. Assim, pode dizer-se que esta matemática primitiva teve origem em certas regiões do antigo Oriente, principalmente como uma ciência prática para ajudar nas actividades agrícolas e de engenharia.

Estas actividades exigiam o cálculo de um calendário útil, o desenvolvimento de sistemas de pesos e medidas para servir na colheita, armazenamento e distribuição de alimentos, a criação de métodos de levantamento topográfico para a construção de canais e reservatórios, a divisão de terras e a evolução de práticas financeiras e comerciais para cobrar impostos e para fins comerciais. Assim, a ênfase inicial da matemática estava na prática da aritmética e da medição. Eves (1964) salienta que uma arte especial nasce do cultivo, da aplicação e da instrução desta ciência prática. Podemos assim dizer que o desenvolvimento da civilização humana e o progresso da matemática andaram de mãos dadas.

Se recuarmos aos seus primórdios, ao longo de milhares de anos, matemáticos de muitas culturas diferentes criaram uma enorme estrutura baseada em números. Neste sentido, a história da matemática começa com a invenção de símbolos escritos para designar estes números. Sem eles, a civilização tal como a conhecemos não poderia existir. Assim, foram construídos diferentes sistemas numéricos. Cada cultura concebeu um ou outro sistema de numeração e símbolos para os exprimir; estes desenvolveram-se ao longo da história, alguns deles ainda existem e outros perderam-se. Hoje conhecemos, como produto de um longo processo de estudo e de mudança, os números complexos, os números imaginários, os números reais, os números irracionais, os números racionais, os números inteiros e os números naturais.

A compreensão da matemática nas culturas antigas é essencial para os professores de matemática, uma vez que proporciona um contexto histórico que enriquece o ensino e realça a evolução prática desta ciência. Conhecer o desenvolvimento e a aplicação da matemática por civilizações como os egípcios, os mesopotâmicos, os indianos e os chineses para resolver problemas quotidianos na agricultura, na engenharia e no comércio permite aos educadores ilustrar a relevância e a aplicabilidade da matemática na vida quotidiana. Este conhecimento histórico não só facilita o ensino de conceitos matemáticos fundamentais, como também inspira os alunos, mostrando-lhes como a matemática tem sido uma ferramenta crucial para o progresso humano ao longo dos séculos.

CAPÍTULO 4

Alguns registos paleolíticos: o início

Neste ponto, é muito interessante notar que os estudiosos deste tipo de registos paleolíticos destacam um maior interesse, do ponto de vista matemático, pelos materiais arqueológicos que recolhem ±30 marcas. A razão original parece óbvia, uma vez que esta quantidade coincide praticamente com o número de clias (29,5) do ciclo periódico natural utilizado como base para o cálculo do tempo pelos nossos preditores do mês lunar. A este respeito, os estudos de género mais recentes encorajam-nos a ter em conta, além disso, esse outro período do ciclo menstrual feminino *de* ±28 dias. O que foi exposto até agora, abre a imaginação para pensar que pode haver a possibilidade de uma evidência ancestral de uma das primeiras actividades intelectuais do homem: "a anotação sequencial com base num calendário lunar, compreendendo um período de quase seis meses". Estas ideias serão abordadas mais adiante.

Seguindo a ideia anterior, para Gonzalez et al (2010) a primeira peça paleotítica a que os historiadores da matemática fizeram referência é um osso de lobo de há cerca de 35.000 anos, encontrado em Vestonice (Morávia, República Checa). Neste osso, que tem cerca de 18 centímetros de comprimento, podem ser identificados 55 entalhes. O seu descobridor, Karl Absolom, interpretou erradamente que as marcas eram consideradas como estando agrupadas cinco a cinco e separadas por dois traços intermédios mais longos em duas séries, uma de 30 (= *6x5*) entalhes, a outra de 25 (= *5x5*).

Foi posteriormente demonstrado que não existe tal agrupamento de cinco por cinco, mas parece bastante plausível que o osso esculpido possa sugerir o registo contabilístico de uma série de objectos ou de algum ciclo.

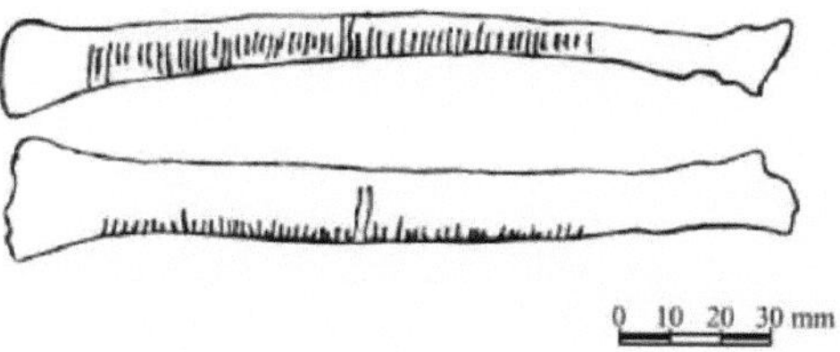

Figura 1: Osso de Dolni Vestonice
Fonte: A pré-história da matemática e a mente moderna: pensamento matemático e recursão na paleoótica franco-cantábrica

Por seu lado, Ifrah (1987) considerou que estas incisões, para além de estarem agrupadas, estavam dispostas em duas séries paralelas ao longo de dois lados do osso, embora tenha posteriormente abandonado esta hipótese e limitado a idade do osso a 20 000 anos.

Outra referência arqueológica é um chifre de rena, encontrado em Brassempouy, França, datado de há cerca de 15.000 anos. Neste osso, estão marcados 1, 3, 5, 7 e 9 traços rectilíneos, numa disposição particular que tem suscitado muitas hipóteses quanto às intenções matemáticas do seu autor.

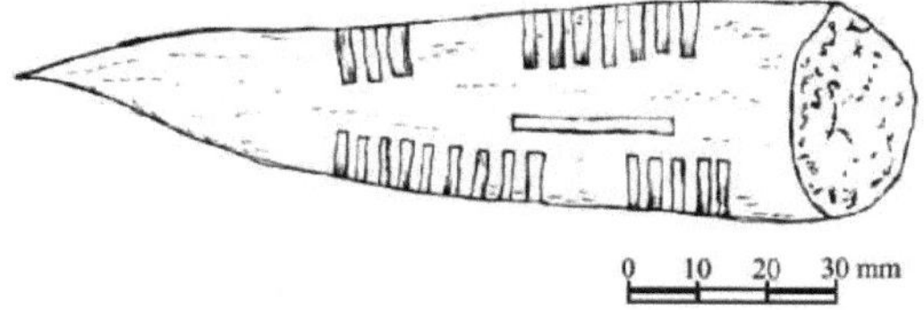

Figura 2: Eixo de Brassempouy
Fonte: A pré-história da matemática e a mente moderna: pensamento matemático e recursão no paleo-hítico franco-cantábrico.

A este respeito, Ifrah (1987), citado por Gonzalez et al (2010), considera que este osso é "uma espécie de ferramenta aritmética" que apresenta um gráfico dos primeiros números ímpares, e mesmo para além disso, as marcas mostram uma espécie de arranjo que permite encontrar rapidamente algumas propriedades elementares.

Estas propriedades elementares, partindo da situação 2 x 2 das marcas e tendo em conta o possível valor 1 do entalhe horizontal, dão-nos

$$\begin{pmatrix} 3 & 7 \\ 9 & 5 \end{pmatrix}$$

entre outras propriedades possíveis, tem-se:

$$9 - 7 = 5 - 3 = 2$$

$$3 + 9 = 5 + 7 = 12$$

$$7 - 3 = 9 - 5 = (9 + 5) - (7 + 3) = 4$$

Embora isto seja plausível, as interpretações de Ifrah (1987) ainda não foram comprovadas.

Neste sentido, Steward (2008) refere que os primeiros contabilistas, como ele lhes chama, já mantinham registos de "quem possuía o quê e quanto", mesmo antes de a escrita ter sido inventada, e não utilizavam símbolos para os números. Em vez disso, estes contabilistas utilizavam fichas de barro de há cerca de 10 000 anos no Próximo Oriente, que tinham a forma de cones, esferas e até ovos. Com o passar do tempo, as fichas tornaram-se cada vez mais elaboradas e especializadas. Assim, alguns cones decorados representavam pães e tabletes em forma de diamante representavam a cerveja. Schmandt-Besserat, citado por Steward (2008), salienta que estas fichas representam um primeiro passo no caminho para os símbolos numéricos, a aritmética e a matemática. Estas marcas de barro eram simples riscas, "tally marks", que registavam os números como uma série de traços, como por exemplo ||||||||||||| para representar o número 13. Por conseguinte, é necessário sublinhar o facto de que, ao longo dos tempos, a principal ideia matemática que persistiu foi a contagem, quer por palavras quer por símbolos. Além disso, a comunidade científica internacional assume que os instrumentos de contagem foram utilizados pela primeira vez em África há 37.000 anos.

A este respeito, Steward (2008) afirma que as marcas mais antigas conhecidas deste tipo são 29 entalhes gravados num osso de perna de babuíno, com cerca de 37 000 anos. O osso foi encontrado numa gruta nas montanhas Lebombo, na fronteira entre a Suazilândia e a África do Sul.

Figura 3: Osso de Lebombos Fonte: Retirado da Internet

Outra inscrição matemática antiga, o osso de Ishango, no Zaire, tem 25 000 anos. À primeira vista, as marcas ao longo da borda do osso parecem feitas quase ao acaso, mas talvez existam padrões ocultos. Uma fila contém os números primos entre 10 e 20, nomeadamente 11, 13, 7 e 19, cuja soma é 60. Outra fila contém 9, 11, 19 e 21, que também somam 60. A terceira fila faz lembrar um método por vezes utilizado para multiplicar dois números através do dobro e da divisão repetida por dois. No entanto, os padrões aparentes podem ser mera coincidência, e também foi sugerido que o osso de Ishango é um calendário lunar.

Diz-se que o percurso histórico desde as fichas dos contabilistas até aos algarismos modernos é longo e indireto.

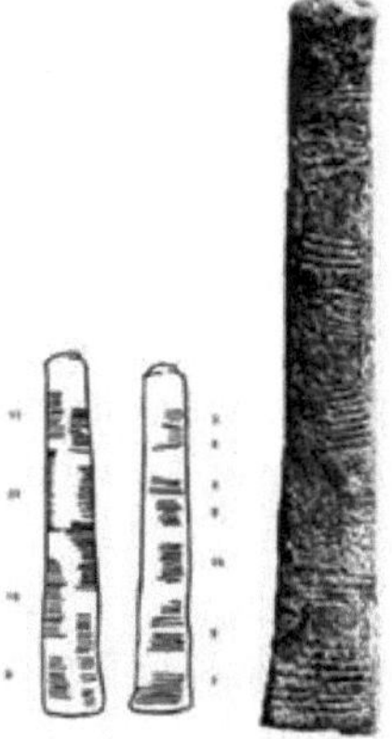

Figura 4: Osso de Ishango
Fonte: Retirado da Internet

CAPÍTULO 5

A matemática em alguns povos antigos

Desde as sombras da pré-história até às impressionantes civilizações que surgiram há cerca de 6000 anos, a trajetória da matemática leva-nos numa viagem fascinante através do tempo e da evolução do pensamento humano. Como já foi referido, nos primórdios da existência, quando as comunidades primitivas se esforçavam por compreender o mundo que as rodeava, as sementes da matemática incipiente germinaram de forma instintiva e elementar. Desde a simples necessidade de contar até à observação de padrões naturais, a pré-história viu os primeiros vestígios de uma disciplina que acabaria por se tornar uma linguagem universal para descrever a realidade.

Iniciemos um breve panorama da matemática antiga. Pena (2013) afirma que desde aproximadamente 6000 anos atrás, a maioria das civilizações realizava processos de contagem como nos dias de hoje; no entanto, a escrita de símbolos para representar números foi muito diversa, e alguns povos chegaram a retardar seus avanços científicos e tecnológicos por não possuírem um sistema numérico eficiente e ágil.

Assim, foi nas civilizações antigas, como a egípcia e a mesopotâmica, que a matemática deu os seus primeiros passos mais formais. Desde as margens do Nilo até às terras férteis da Mesopotâmia, a humanidade começou a desenvolver sistemas numéricos mais complexos, a utilizar a geometria para o planeamento urbano e a aplicar conceitos matemáticos à agricultura e à astronomia. Este período marcou uma mudança fundamental, impulsionando a matemática com força das suas origens práticas na pré-história para um terreno mais abstrato e sistemático, antecipando a espantosa viagem intelectual que continuaria ao longo dos milénios.

A matemática no antigo Egito.

Não se sabe ao certo a origem da civilização egípcia, mas é certo que remonta, pelo menos, a 4000 a.C. Ao contrário da civilização babilónica, os egípcios sofreram poucas influências externas. O rio Nilo inunda anualmente as suas margens, mas quando as águas baixam, restam terras férteis que foram cultivadas pelos egípcios. O resto do país é um deserto.

Dos primeiros dois mil anos da civilização egípcia, entre 5000 e 3000 a.C., sabe-se muito pouco. A escrita ainda não tinha sido inventada. No início, existiam dois reinos: o Alto e o Baixo Egito. Entre 3500 a.C. e 3000 a.C., uniram-se. O ponto culminante da cultura egípcia ocorre por volta de 2500 a.C. Nesta altura, foram construídas as grandes pirâmides. Em 332 a.C., Alexandre, o Grande, conquistou o Egito e, desde então, até 600 d.C., a cultura e a matemática egípcias pertenceram à cultura grega.

Um dos principais aspectos que marcaram a descrição da matemática e a complexidade da sua solução foi o tipo de escrita. De facto, ao longo da história do Egito, a escrita foi evoluindo pouco a pouco, podendo assim ser dividida em três períodos distintos:

Escrita hieroglífica: utilizada de 3200 a.C. a cerca de 2500 a.C. Neste período, a numeração utilizada era semelhante à apresentada no quadro seguinte.

I	∩					
1	10	100	1000	10.000	100.000	1.000.000

Figura 5: Numeração, escrita hieroglífica Fonte: Retirado da Internet

Em particular, os números, para além de terem de ser escritos com um grande número de símbolos, representados por objectos do mundo da rima, como animais, plantas, figuras geométricas, entre outros, cujo traço é linear, devem ser escritos com uma certa estética, agrupando os símbolos do mesmo tipo, se possível por ordem decrescente de valor. O número destes sinais é de cerca de 800.

276	4622

Figura 6: Agrupamento de números, escrita hieroglífica
Fonte: Retirado da Internet

- **Escrita hierática:** utilizada predominantemente de 2500 a.C. a cerca de 600 a.C. Tal como anteriormente, a numeração utilizada variava consoante o tipo de escrita, resultando numa maior riqueza no número de símbolos utilizados para escrever os diferentes algarismos. Pode dizer-se que se trata de um sistema abreviado, ou seja, uma espécie de abreviatura de um sinal hieroglífico. Por exemplo, em vez de se utilizar a figura completa de um leão, traça-se o dorso do leão, mantendo-se o mesmo valor ou significado original.

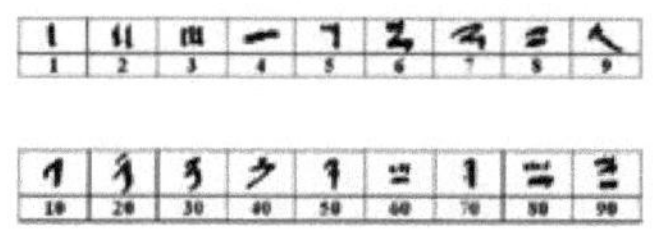

Figura 7: Numeração, escrita hierática Fonte: Retirado da Internet

- **Escrita demótica:** utilizada no final do período egípcio tardio, a partir de 600 a.C. Esta última variação da escrita produziu também uma ligeira variação nos símbolos utilizados para os números em relação à escrita hierática.

Atualmente, uma parte muito limitada da matemática egípcia permanece através de inscrições encontradas em templos e túmulos. Mais informações podem ser encontradas em alguns dos papiros que se conservam atualmente. O papiro é um suporte de escrita feito a partir de uma planta aquática cujo nome científico é *cyperus papyrus* (e que seria a matéria-prima de muitas outras coisas úteis). Sabe-se que os rolos de papiro têm um comprimento médio de cinco metros (o rolo de papiro mais longo encontrado tem mais de 41 metros).

A utilização do papiro entrou em declínio ao mesmo tempo que a antiga cultura egípcia, sendo gradualmente substituído pelo pergaminho, de origem animal. O papiro entrou em declínio ao longo do século V d.C. e desapareceu completamente no século XI.

Os três papiros

Os documentos matemáticos mais importantes que sobreviveram mostram exercícios propostos e resolvidos em três dos papiros matemáticos mais importantes até agora encontrados: o papiro de Rhind, o papiro de Moscovo e o papiro de Berlrn, que datam do período hierático. Existe um equívoco generalizado quanto ao facto de a ciência egípcia, e em particular a matemática e a astronomia, ter atingido um nível elevado.

O papiro de Rhind, também conhecido como papiro de Ahmes, deve o seu nome a Henry Rhind, um egiptólogo escocês que, em 1858, adquiriu uma coleção de papiros, incluindo este. Datado de 1650 a.C., mede cerca de 6 metros de comprimento por 33 centímetros de largura e o seu conteúdo é puramente matemático, com 85 problemas colocados e resolvidos. Destinava-se à formação de escribas. Cada problema está associado a um aspeto da vida quotidiana egípcia. onde se efectuam operações com fracções; calculam-se as áreas do retângulo, do triângulo, do trapézio e do círculo (estabeleceram que esta área é (|*d* j , *d* é o diâmetro, e que corresponde ao 9
aproximação *n* = 3, 1605 ...).

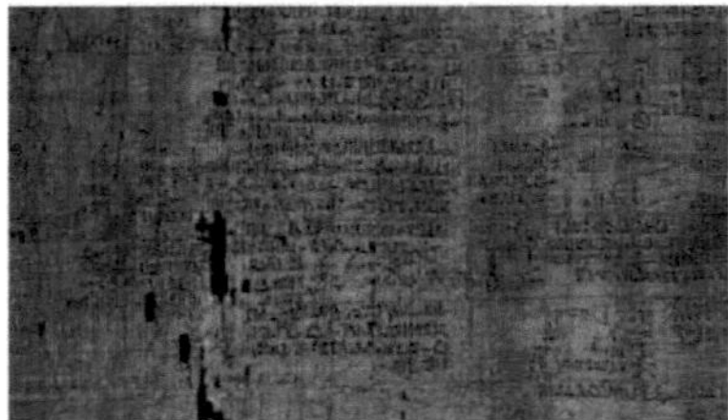

Figura 8: Papiro de Rhind Fonte: Retirado da Internet

É considerado o mais antigo documento egípcio que trata de matemática e, de facto, o mais antigo documento matemático de qualquer época. O seu autor é um escriba chamado Ach-mos'e, também conhecido como Ahmes. Começa com a frase: ^Cálculo exato para entrar no conhecimento de todas as coisas existentes e de todos os segredos e mistérios obscuros? É suposto ter como objetivo esclarecer os futuros escribas no exercício das suas actividades (relacionadas com a recolha, com as distribuições, etc.), pelo que a resolução dos problemas é escrita de forma pedagógica. As cinco partes do manual de Ahmes tratam respetivamente da aritmética, da estereometria, da geometria, do cálculo das pirâmides e de vários problemas práticos.

Além disso, no início do papiro, Ahmes alude ao facto de a escrita no papiro ser uma compilação de informação extini'tii de outros com 200 anos, o que leva a supor que a solução dos problemas data de, pelo menos, 1900 a.C.

Beckmann (2006) cita o seguinte parágrafo (tradução) com o qual inicia o texto antigo em questão:

Cálculo cuidadoso. A entrada para o conhecimento de todas as coisas que existem e de todos os segredos obscuros. Este livro foi fielmente copiado no ano 33, quarto mês da estação do dilúvio, sob o rei do Alto e Baixo Egito, A-user-Re, no gozo da vida, a partir de um antigo escrito feito no tempo do rei do Alto e Baixo Egito, Ne-mat'et-Re....

(Beckmann: 30)

Entre os problemas propostos contam-se os relacionados com a multiplicação e a divisão, as fracções unitárias, as áreas de rectângulos, triângulos e círculos (aproximação de *n*), a resolução de equações com 1 incógnita e o cálculo de volumes e cálculos sobre pirâmides.

O Papiro de Moscovo: originalmente conhecido como Papiro de Golenishchev. Autor desconhecido. Estudos ortográficos e paleográficos permitiram datá-lo da 13ª dinastia (ca. 1759-1630 a.C.). O Papiro de Moscovo, assim chamado por estar depositado no Museu de Belas Artes de Moscovo, tem 5 m de comprimento e 8 cm de largura. É composto por 25 problemas, alguns dos quais estão demasiado danificados para serem lidos. Está escrito em hierático (uma simplificação do hieróglifo) e data de cerca de 1890 a.C., da época da XII dinastia. O escriba, cujo nome nem sequer sabemos, não era tão bom no seu ofício como Ahmes, cuja escrita e forma de explicar as coisas é muito mais clara... Na imagem abaixo pode ver-se o papiro original em escrita hierática, em cima, e a sua tradução hieroglífica, em baixo.

Figura 9: Papiro de Moscovo Fonte: Retirado da Internet

Deste papiro destacam-se os problemas relacionados com áreas de rectângulos e triângulos, volumes de pirâmides truncadas, cálculo da área da superfície de um "cesto", equações lineares e fracções unitárias.

O Papiro de Berlm: é uma coleção de papiros matemáticos e médicos datados de cerca de 1300 a.C.. Tal como o papiro de Moscovo, o seu autor é desconhecido.

Figura 10: Papiro de Berlm Fonte: Retirado da Internet

Contém problemas relacionados com fracções unitárias, equações lineares e um sistema de duas equações com duas incógnitas (uma das quais é também de segundo grau).

Aritmética egípcia

Para Morales (2002) e como já foi referido anteriormente, não se pode falar de um único sistema de numeração, pois utilizavam-se dois: o sistema hieroglífico com hieróglifos e o sistema sacro (sagrado) utilizado pelos sacerdotes com símbolos cursivos, que no século VIII a.C. deu origem ao sistema demótico ou sistema do povo, também cursivo e de forma abreviada. Segundo Berciano (2007), a primeira caraterística a destacar é que, graças ao conhecimento completo das tabelas de duplicação e do cálculo dos terços de um número, os escribas manejavam com total facilidade as quatro operações elementares: adição, subtração, multiplicação e divisão.

O seu sistema hieroglífico era decimal mas não posicional, em que o princípio aditivo estabelece a disposição dos símbolos. A utilização deste princípio permite exprimir qualquer número, repetindo cada símbolo tantas vezes quantas as necessárias. Utilizavam símbolos diferentes para as unidades, dezenas, centenas, etc. Assim, os egípcios tinham pictogramas para representar 1, 10, 100, 1.000, 10.000, 100.000, 100.000 e 1.000.000. O 1 era representado por um traço vertical, o 10 por uma ferradura, o 100 por uma corda enrolada ou uma espécie de espiral, o 1.000 por uma flor de lótus (incluindo o seu caule), o 10.000 por um dedo levantado e torcido, o 100.000 por um girino e o 1.000.000

por um homem ajoelhado com os braços levantados, aparentemente representando o deus Heh, deus do infinito e da eternidade, segurando o céu.

	LECTURA DE DERECHA A IZQUIERDA	LECTURA DE IZQUIERDA A DERECHA
1		
10		
100		
1.000		
10.000		
100.000		
1.000.000		

Figura 11: Cifras fundamentais da numeração hieroglífica egípcia
Fonte: História Universal dos Números, Ifrah. G

Assim, um número como 34 escrevia-se em *Π Π Π Π Π* |||| . Este sistema não é adequado para os grandes cálculos exigidos pela astronomia, embora, como já foi referido, este sistema de numeração fosse aditivo, pelo que efetuar uma soma era relativamente fácil devido à simples acumulação de números ou pictogramas iguais e ao seu reagrupamento. Por exemplo, se houvesse dez linhas verticais (1), estas eram substituídas por uma ferradura (10), uma espiral (100) e assim por diante.
Por exemplo, a soma de 2.816 e 348 seria:

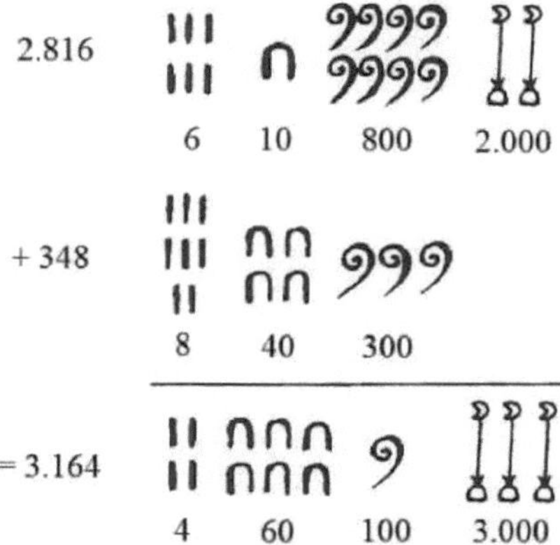

Figura 12: Soma dos números Fonte: Retirado da Internet

Além disso, a utilização de fracções unitárias, ou seja, fracções cujo numerador é igual à unidade, com exceção de 2/3 e 3/4, é uma caraterística que distingue quase imediatamente o conjunto das matemáticas desenvolvidas no Antigo Egito. A sua escrita hieroglífica representava esquematicamente uma boca, seguida do valor numérico do denominador:

Assim^ temos o seguinte exemplo:

É curioso que as partes sagradas do Olho de Hórus, em que os denominadores são potências de dois, fossem também utilizadas para designar as fracções do hekat (medida de grão).

Figura 13: Soma dos números Fonte: Retirado da Internet

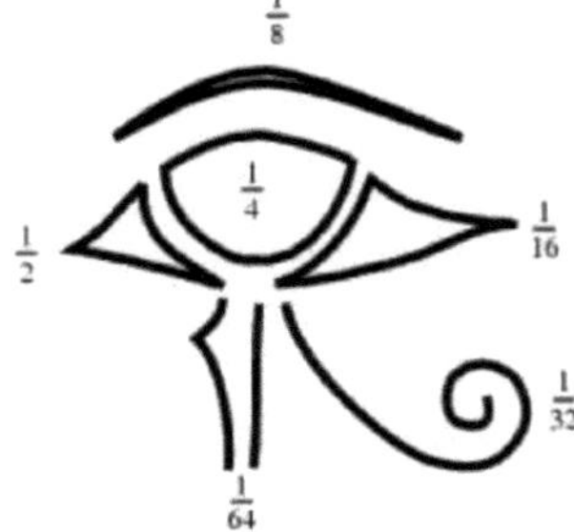

Figura 14: Olho de Hórus Fonte: Retirado da Internet

$\frac{2}{3}$ y $\frac{3}{4}$, No entanto, Corrales (2022) afirma que apenas existem provas de que os egípcios utilizavam fracções de denominador 1, com exceção das fracções , que tinham um simbolismo próprio, um pouco diferente das outras fracções. Quando queriam exprimir fracções com numeradores diferentes, tinham de as exprimir como somas de fracções com numerador 1:

$$\frac{2}{5} = \frac{1}{2} + \frac{1}{15}$$

Por seu lado, Moreno (2012) indica que, para facilitar os cálculos, os antigos egípcios elaboravam tabelas nas quais as fracções mais comuns eram divididas em somas de partes unitárias. O Papiro de Ahmes começa com uma tabela de factorização de todas as fracções irredutíveis com um numerador de 2 e um denominador de 5 a 101.

2/5	1/3+1/15	2/53	1/30+1/318+1/795
2/7	1/4+1/28	2/55	1/30+1/330
2/9	1/6+1/18	2/57	1/38+1/114
2/11	1/6+1/66	2/59	1/36+1/236+1/531
2/13	1/8+1/52+1/104	2/61	1/40+1/244+1/488+1/610
2/15	1/10-1/30	2/63	1/42+1/126
2/17	1/12+1/51+1/68	2/65	1/39+1/195
2/19	1/12+1/76+1/114	2/67	1/401/335+1/536
2/21	1/14+1/42	2/69	1/46+1/138
2/23	1/12+1/276	2/71	1/40+1/568+1/710
2/25	1/15+1/75	2/73	1/60+1/219+1/292+1/365
2/27	1/18+1/54	2/75	1/50+1/150

2/29	1/24+1/58+1/174+1/232	2/77	1/44+1/308
2/31	1/20+1/124+1/155	2/79	1/60+1/237+1/316+1/790
2/33	1/22+1/66	2/81	1/54+1/162
2/35	1/30-1/42	2/83	1/60+1/332+1/415+1/498
2/37	1/24+1/111+1/296	2/85	1/51+1/255
2/39	1/26+1/78	2/87	1/58+1/174
2/41	1/24+1/246+1/328	2/89	1/60+1/356+1/534+1/890
2/43	1/42+1/86+1/129+1/301	2/91	1/70+1/130
2/45	1/30-1/90	2/93	1/62+1/186
2/47	1/30+1/141+1/470	2/95	1/60+1/380+1/570
2/49	1/28+1/196	2/97	1/56+1/679+1/776
2/51	1/34+1/102	2/99	1/66+1/198
		2/101	1/101+1/202+1/303+1/606

Figura 15: Tabela de fracções do papiro de Ahmes
Fonte: Retirado da Internet

Superfícies, áreas e o número *n*

Os egípcios dedicavam um grande esforço ao cálculo de áreas, uma vez que eram essencialmente uma sociedade agrícola. Com efeito, após a subida anual do Nilo, era necessário atribuir a cada pessoa a mesma superfície de terra que tinha antes da inundação. Este facto deu origem à necessidade de saber calcular a área de diferentes superfícies e, consoante o tipo, encontramos diferentes exercícios propostos e resolvidos. De facto, os vários problemas tratados nos papiros acima mencionados, baseados nos volumes e áreas das figuras planas e sólidas mais familiares, foram, na sua maioria, resolvidos corretamente.

Romero et al (2021) salientam o facto de que, quando questionados sobre as três realizações mais importantes da geometria egípcia, há um consenso geral sobre duas: "as aproximações da área do círculo" e "a dedução da regra para calcular o volume de um tronco de pirâmide", mas há algum desacordo sobre a terceira: "será que tentaram de facto encontrar a fórmula correta para a área da superfície de um hemisfério?

Neste contexto, Gervan (2015) apresenta uma análise do problema 10 do papiro de Moscovo, onde infelizmente se encontra em estado fragmentário, chegando mesmo a perder certas partes escritas que são cruciais para compreender a sua natureza. Está dividido em três colunas com um total de 14 linhas, na sexta das quais o dano é inevitável. O autor propõe, por isso, uma transcrição e transliteração que deixa de lado qualquer tentativa de reconstrução deste pequeno fragmento perdido.

[I]A este respeito, o mesmo autor cita Struve , que faz uma análise muito interessante baseada numa releitura do problema 10 do Papiro Matemático de Moscovo.

[1]STRUVE, V., Mathematischer Papyrus der..., op. cit., pl. 10

Figura 16: Problema 10 - Papiro de Moscovo
Fonte: A Prática Matemática no Antigo Egito. Uma releitura do Problema 10 do Papiro Matemático de Moscovo.

Segue-se a transcrição com algumas alterações retiradas do material de Romero (2021) para melhor compreensão do problema:

1. Exemplo de cálculo [ou seja, o cálculo da área] de um cesto.
2. Dão-lhe um cesto com uma boca [ou seja, uma abertura, ou seja, um diâmetro].
3. de 4+1/2 no bordo ([presumivelmente, em diâmetro]), joh!
4. Diga-me [o valor da] sua área. Haras

Solução sugerida

5. Tomar 1/9 de 9, porque o cesto
6. é metade de um ovo (ou seja, um hemisfério):, que se transforma [ou seja, resulta] em 1
7. Farás a diferença, que é 8.
8. Haras 1/9de8
9. que se torna 2/3 + 1/6 + 1/18.
10. A diferença será compensada com 8 depois de
11. (subtrair) 2/3 + 1/6 + 1/18, que se torna 7 + 1/9.
12. Haras [a multiplicação] 7 + 1/9 por 4 + 1/2
13. Olha, [esta] é a sua área [lit. dela].
14. jEncontrou-o bem!

Romero et al (2021) propõem a seguinte resolução reformulando o problema da seguinte forma:

Determina a área da superfície de um hemisfério de diâmetro 4 1/2.

A solução que este autor sugere pode ser expressa simbolicamente da seguinte forma:

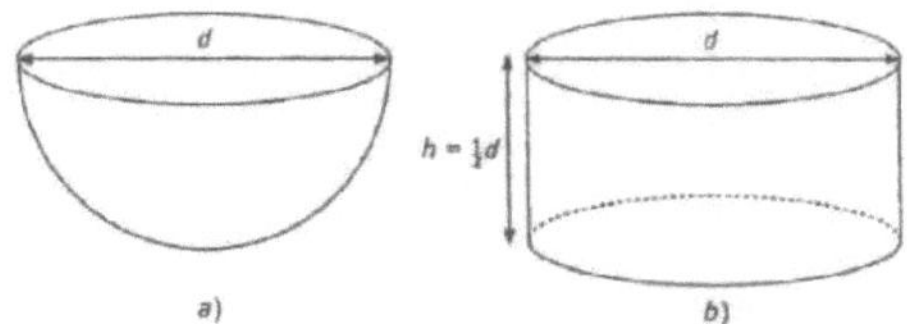

Figura 17: Problema 10 - Papiro de Moscovo
Fonte: Análise de equações algébricas desde a cultura egípcia até aos dias de hoje.

$$A = 2d(8/9)(8/9)d = 2d^2(8/9)^2 = 2\pi r^2$$

onde o valor egípcio de n é 256/81 (**valor a ser discutido mais tarde**). $(A = 1/2\pi d^2)$ É evidente que esta expressão é idêntica à fórmula atual para a superfície curva de um hemisfério com um valor diferente para n. Este facto deve chamar a nossa atenção para o engenho e a capacidade dos matemáticos egípcios da época.

De facto, estes autores indicam que

Se esta descrição do método egípcio for exacta, então estamos perante um feito ainda mais notável do que a aplicação da fórmula correta para o volume do fuste de uma pirâmide, pois a própria ideia de uma superfície curva (e não simplesmente uma superfície que pode ser obtida rolando uma superfície plana) é um conceito matemático muito avançado. Este facto anteciparia em cerca de mil e quinhentos anos o trabalho inovador de Arquimedes (ca. 250 a.C.).

(Romero et al: 13)

No entanto, é importante esclarecer que foram levantadas dúvidas sobre a interpretação do termo "ovo". $A = 2\pi h,: \pi = 256/81$ y $h = 1/2d$ Peet (1931) citado por Romero et al (2021) argumentou que este termo deveria ser interpretado como um semicilindro, caso em que a solução sugerida acima, expressa simbolicamente, (Figura 17, b) tornar-se-ia , onde é a altura. Esta seria a contrapartida egípcia da fórmula moderna para a área da superfície curva de um semicilindro. Nos problemas 42, 43 e 44 do papiro de Rhind é apresentado o cálculo explícito da área de um círculo, e no problema 50 é resolvido para um círculo de diâmetro 9 unidades. Para isso, dados os argumentos que aparecem no papiro original, o raciocínio lógico seguido pelo escriba seria o seguinte:

Como primeiro passo, consideramos o quadrado circunscrito à circunferência. O seu lado mede 9 unidades, cuja área é igual a 92 = 81 unidades2.	
Este quadrado é subdividido em quadrados de lado unitário, dando	

origem a uma grelha de 9 × 9 quadrados unitários.	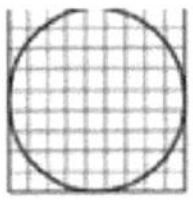
Traça-se a diagonal dos quadrados de lado 3 unidades dos vértices, obtendo-se um octógono irregular, que será tomado como uma aproximação do círculo.	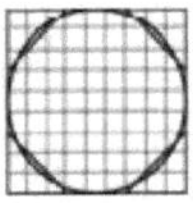
A área do octógono é o equivalente a [2]subtraindo à área do quadrado (81 unidades), a área da região sombreada (18 unidades), ou seja, a área seria 63 unidades). [2](18 unidades), ou seja, a área seria de 63 unidades.[2]	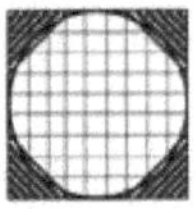
Finalmente, como 82 = 64 é próximo de 63, a área do círculo, que foi aproximada pela área do octógono, é novamente aproximada por 8. [2]A área do círculo, que foi aproximada pela área do octógono, é novamente aproximada por 8 , resultando que a área é (81 = 9 *x* 9).	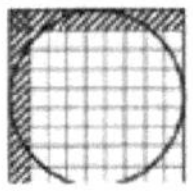

Repetindo o processo para uma circunferência de raio *r*, obtemos que a área da circunferência

$$\text{Área} = \left(\frac{8}{9}d\right)^2 = \frac{64}{81}d^2 = \frac{256}{81}r^2$$

Assim, o número *n*, embora não seja mencionado em nenhum papiro de forma explícita, é aproximado pela fração

$$\pi = \frac{256}{81} \approx 3,16049$$

A este respeito, Beckmann (2006) afirma que "é evidente que Ahmes faz batota duas vezes: primeiro, ao afirmar que a área do octógono é igual à do círculo e, depois, ao tomar 63" 64. No entanto, vale a pena notar que ambas as abordagens são semelhantes, embora não totalmente. (p. 31).

Triângulo de Pitágoras no Antigo Egito

Há provas de que os antigos egípcios utilizavam um tipo especial de triângulo em muitas das suas construções, desenhos e pinturas, o chamado "triângulo sagrado", um triângulo retangular com lados numa proporção de 3 - 4 - 5, ao qual atribuíam qualidades mágicas ou estéticas.

No entanto, uma das dúvidas que persiste ao longo dos séculos é se no antigo Egito o "teorema de Pitágoras" era conhecido para qualquer triângulo retângulo de quaisquer lados a e b. A relação 3 - 4 - 5 permitia-lhes poder delimitar superfícies com ângulos rectos, utilizadas por exemplo na construção das pirâmides. A relação 3 - 4 - 5 permitia-lhes delimitar superfícies com ângulos rectos, utilizadas, por exemplo, na construção das pirâmides.

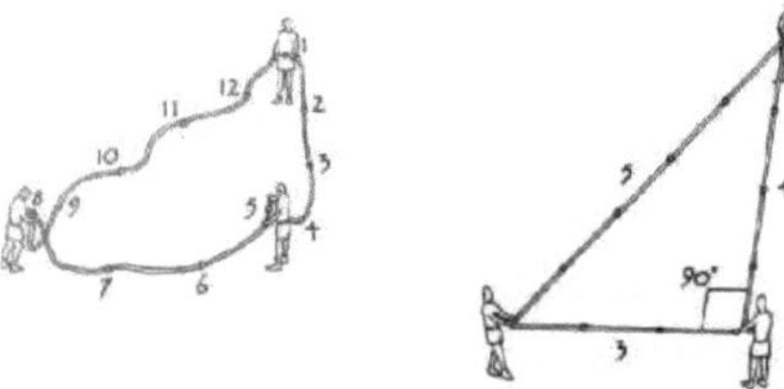

Figura 18: Corda com 13 nós.
Fonte: Workshop: Matemática do Antigo Egito maio, 2019

Vejamos o método em questão. Em primeiro lugar, pegaram numa corda e deram 13 nós, equidistantes dois a dois. Unindo as duas extremidades, obtiveram um triângulo retângulo com lados 3, 4 e 5 e, portanto, o ângulo reto que procuravam.

Figura 19: Corda com 13 nós.
Fonte: Retirado da Internet

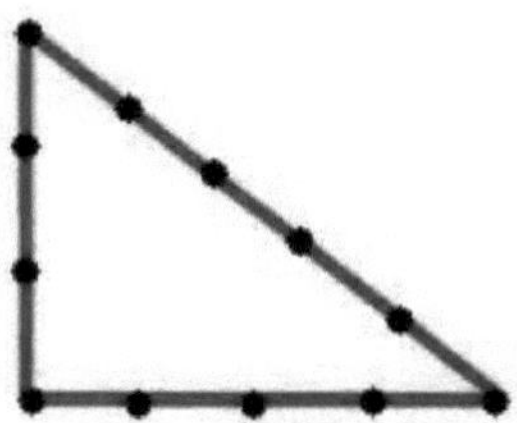

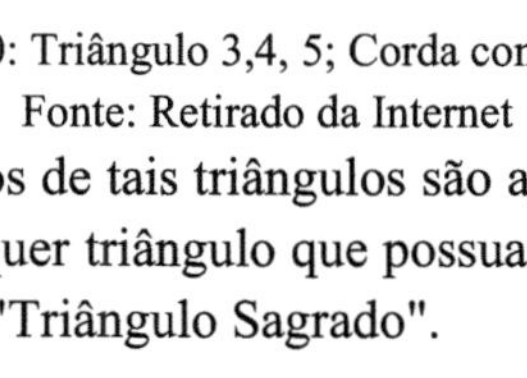

Figura 20: Triângulo 3,4, 5; Corda com 13 nós.
Fonte: Retirado da Internet

De facto, os ângulos internos de tais triângulos são aproximadamente $36^\circ\ 52'\ 11''$ e $53^\circ\ 07'\ 48''$. Portanto, qualquer triângulo que possua esses ângulos terá lados na proporção acima e será um "Triângulo Sagrado".

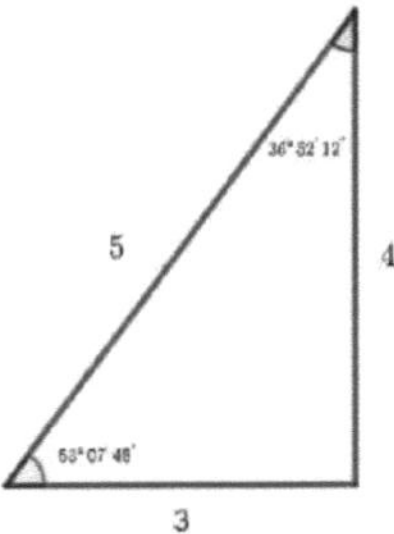

Figura 21: Triângulo Sagrado Fonte: Elaboração própria

A este respeito, vários egiptólogos concordam que um dos melhores exemplos da utilização do triângulo sagrado pode ser encontrado nas pirâmides reais construídas durante a VI Dinastia. Martinez (2001) indica que as pirâmides desenhadas com triângulos sagrados contêm quatro desses triângulos na sua estrutura e são formados com cada apotegma da pirâmide, a sua base e a sua altura. Atualmente, não foram encontrados documentos que provem que os antigos egípcios conheciam o teorema de Pi- tagoras, no entanto, é de notar que para resolver os triângulos sagrados não é necessário utilizar este teorema, uma vez que podem ser resolvidos com adições ou somas básicas, sem utilizar números quadrados ou resolver complicados sorteios de quadrados.

Em relação ao que precede, Sanchez (2012) indica que Heródoto, entre outros cronistas, regista a sua utilização quando se refere ao trabalho dos agrimensores que seguiam os movimentos de terra causados pela inundação do Nilo. Em termos de arquitetura, o uso do triângulo sagrado está bem documentado, por exemplo, na construção da Grande Pirâmide de Kefren no século XXVI a.C. As referências expostas à relação pitagórica aparecem em alguns exemplos numéricos específicos no Egito, embora não tenha sobrevivido nenhum documento que a exponha de uma forma geral. Por exemplo, um documento da Décima Segunda Dinastia (ca. 2000 a.C.) encontrado em Kahun utiliza a seguinte terminologia:

$$1^2 + \left(\frac{3}{4}\right)^2 = \left(1 + \frac{1}{4}\right)^2$$

que é proporcional ao do triângulo egípcio.

Rafces quadradas no Antigo Egito

Para Gillings (1982), a quadratura de números racionais era algo que se encontrava frequentemente em vários papiros antigos, no entanto, quando se fala de raízes quadradas, é menos comum, embora fossem expressas e não calculadas. De facto, os antigos egípcios não eram obrigados a formular um método para encontrar as raízes quadradas de quadrados perfeitos. É provável que utilizassem uma tabela elaborada pelos escribas e composta por números inteiros de quadrados perfeitos. Esta tabela teria sido suficientemente completa para todas as suas necessidades habituais. Há também provas de que esta cultura trabalhava com um sistema de duas equações e duas incógnitas. Assim, o Papiro de Berlm contém dois problemas em que um deles envolve uma equação quadrática em duas variáveis. Sabe-se que os egípcios não indicavam a resolução dessas equações quadráticas, mas há evidências que mostram o seu uso, como o problema dos quadrados. Encontramos o seguinte problema: *Dizem-te que a área de um quadrado de 100 cúbitos quadrados é igual à soma da área de mais 2 quadrados. O lado de um deles é* 1/2+1/4 *do outro. Determina os lados dos quadrados.*

No nosso contexto atual, este problema é transformado na resolução do sistema de equações:

$$x^2 + y^2 = 100$$

$$y = (1/2 + 1/4)x$$

sendo x, y os lados dos quadrados procurados.

Romero et al (2021) sintetizam a solução através da álgebra retórica egípcia deste problema dada pelo escriba:

Toma um quadrado de lado 1 côvado (ou seja, um falso valor de y igual a 1 côvado). Depois, o outro quadrado terá um lado de 1/2 + 1/4 côvados (ou seja, x = 1/2 + 1/4). As áreas dos quadrados são 1 e 1/2 + 1/16 côvados quadrados, respetivamente. A soma das áreas dos dois quadrados dá 1 + 1/2 + 1/6 côvados quadrados. Extrai desta soma o quadrado nn'z: 1+1/4. Dividir este 10 por 1+ 1/4 dá 8 côvados, o lado de um quadrado. (Assim, a partir da falsa hipótese de $y = 1$, deduzimos que $y = 8$.) Nesta altura, o papiro está tão danificado que o resto da solução tem de ser reconstruída. Podemos apenas assumir que o lado do quadrado mais pequeno foi calculado como 1/2 + 1/4 do lado do quadrado maior, que era de 8 côvados. Portanto, o lado do quadrado mais pequeno é de 6 côvados.

(Romero et al: 5)

Os babilónios

Pessoalmente, considero que todos os professores de matemática deveriam conhecer um pouco da cultura babilónica. Assim, ao compreendermos a trajetória histórica desde as gravuras contáveis até aos algarismos modernos, verificamos que o seu caminho foi longo e quebrado. Ao longo de milhares de anos, os povos da Mesopotâmia desenvolveram a agricultura, passando de um modo de vida nómada para vários assentamentos numa espécie de cidades-estado: Babilónia, Eridus, Lagash, Sumer, Ur.

A civilização babilónica engloba um grupo de povos (sumérios, acádios, caldeus, assírios, babilónios e outros) que viveram na Mesopotâmia, a região entre os rios Tigre e Eufrates, que hoje é a República do Iraque. Por volta de 1900 a.C., surgiu a civilização babilónica.

A Babilónia foi o centro cultural do chamado Crescente Fértil entre cerca de 2000 e 500 a.C., o que levou à evolução da matemática; não foi afetada pela invasão dos persas comandados por Ciro em 538 a.C.

No entanto, os babilónios não foram os primeiros habitantes desta região, pois foram precedidos pelos sumérios, por volta de 3500 a.C., e mais tarde pelos acádios, por volta de 2300 a.C. Neste intercâmbio cultural, os babilónios conseguiram assimilar a maior parte do legado cultural de ambas as civilizações, ao mesmo tempo que o aumentaram e enriqueceram.

Sabe-se hoje que os seus símbolos primitivos foram inscritos em tabuletas de argila e depois transformados em pictogramas (símbolos que representam palavras através de imagens simplificadas do que se pretende exprimir), e mais tarde reduzidos a pictogramas, ficando reduzidos a um pequeno número de marcas em forma de berço, impressas na argila através da utilização de um estilete seco com uma extremidade plana e afiada. Assim, por volta de 3000 a.C., os sumérios desenvolveram uma forma elaborada de escrita, atualmente designada por cuneiforme: "em forma de berço".

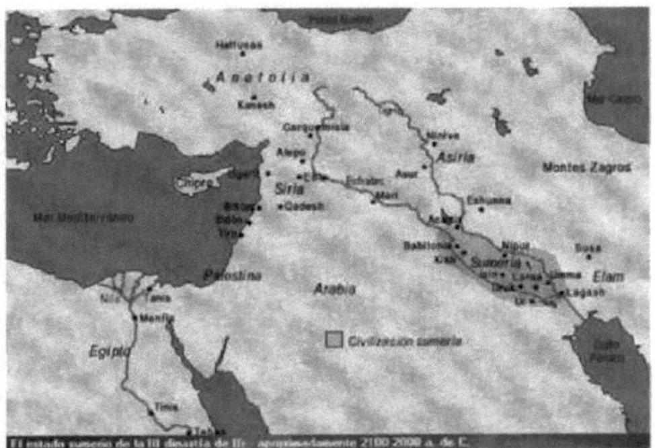

Figura 22: Mapa da antiga Mesopotâmia Fonte: Retirado da Internet

Foi só no final do século XIX que os arqueólogos começaram a escavar na antiga Mesopotâmia, onde foram descobertos numerosos achados ao longo de muitos anos. Até à data, foram recolhidos cerca de meio milhão de tabuletas de argila, 300 relacionadas com a matemática e duzentas com tabelas gravadas de multiplicação, divisão, quadrados, cubos, círculos e juros compostos.

Algumas das tabuletas de argila encontradas que contêm textos matemáticos são do período sumério tardio (2100 a.C.), outras pertencem ao início da dinastia babilónica (rei Hamurabi, 1700 a.C.) e outras datam do período de Nabucodonosor até ao período selêucida (600 a.C. - 300 d.C.). Apesar de terem sido encontradas as primeiras tábuas com textos matemáticos e de ter sido detectada a presença de textos numéricos, estes só puderam ser decifrados na década de 1930, graças aos trabalhos de Grotefend e Rawlinson.

Voltando à escrita cuneiforme, Steward (2008) relata a existência de dois tipos diferentes de berço: um berço fino e vertical para representar o número 1: $^{\Gamma 4}$e um berço grosso e horizontal para o número 10: . Estes berços estão divididos em grupos para indicar os números 2-9 e 20-50. No entanto, este padrão pára no 59, e o berço fino assume então um segundo significado, o número 60.

Acredita-se que esta seja a razão para o sistema numérico babilónico ser de base 60, ou sexagesimal. Ou seja, o valor de um símbolo pode ser um número, ou 60 vezes esse número, ou 60 vezes 60 vezes esse número, consoante a posição do símbolo. Esta situação é muito semelhante ao nosso sistema decimal, em que o valor de um símbolo é multiplicado por 10, ou por 100, ou por 1.000, consoante a sua posição.

A este respeito, se compararmos este sistema com o nosso, notaremos que não usamos apenas dez símbolos para representar números arbitrariamente grandes: também usamos os mesmos símbolos para representar números arbitrariamente pequenos. Usamos o sinal chamado "ponto decimal". Assim, quando colocamos os algarismos do lado esquerdo da vírgula decimal, eles representam números inteiros, e se os colocamos do lado direito da vírgula decimal, eles representam fracções.

De facto, estas fracções especiais são as multiplicações de uma décima, de uma centésima e assim por diante. Assim, o número 36,47 indica 3 dezenas + 6 unidades + 4 décimos + 7 centésimos. Esta mesma situação já era conhecida pelos babilónios, que a utilizavam com um resultado extraordinário nas suas observações astronómicas. Diferentes estudos apontam para o equivalente babilónico do ponto decimal por um ponto e vírgula (;), mas este é um "ponto sexagesimal" e as multiplicações à sua direita são multiplicações de 1/60, (1/60 x 1/60) = 1/3600 e assim por diante. A título de exemplo, a lista de números 12, 59; 57, 17 significa 12x60+59+ 57/60 + 17/3600.

Como já foi referido, a representação babilónica dos números era feita por meio de cunhas (cuneiformes); assim, o número 1 era representado por uma única cunha e o número 10 por uma espécie de seta que apontava para a esquerda. A representação babilónica dos números de 1 a 59 obtém-se somando 5 setas e 9 cunhas.

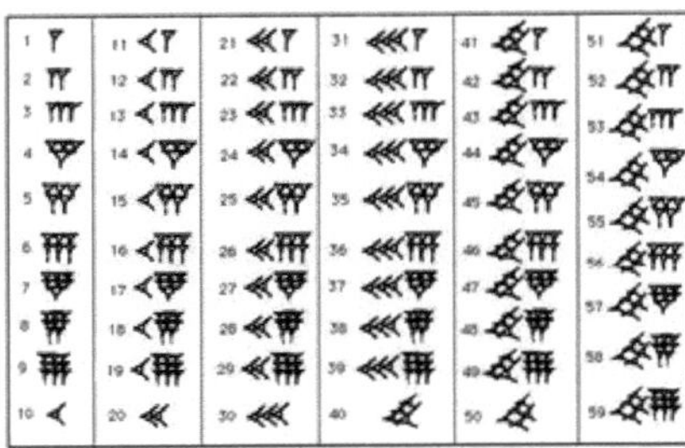

Figura 23: Representação babilónica de números Fonte: Retirado da Internet

As fracções foram abordadas muito brevemente anteriormente, quando foram apresentados alguns resultados do período egípcio antigo. No caso dos babilónios, foram utilizados pela primeira vez há cerca de 4000 anos. O seu sistema de numeração, como indicado, era sexagesimal, e todas as suas fracções eram utilizadas com esse ponto de partida. Além disso, este sistema fracionário permitia-lhes fazer aproximações muito precisas das raças. Corrales (2022) afirma que o sistema de notação de fracções utilizado pelos babilónios era o melhor que tinha sido desenvolvido até ao Renascimento.

Note-se que o número sessenta tem muitos divisores, pelo que a utilização da base sexagesimal facilitou muito as operações com fracções.

A este respeito, Ortiz (2005) comenta que o chamado sistema **acadiano**, cujos símbolos numéricos são muito semelhantes aos da tabela anterior, é o maior desenvolvimento aritmético dos babilónios e utilizava notação posicional. Na aritmética, algumas fracções receberam símbolos únicos. Por exemplo,

Figura 24: Representação babilónica de fracções Fonte: História da Matemática

Observa-se que a notação foi baseada simplesmente na disposição inclinada de um dos símbolos. Um exemplo da sua forma de trabalhar o seu sistema de numeração na base 60 é dado por Fernandez (2010) que faz uma comparação com a nossa base 10, para uma melhor compreensão. Assim, por exemplo, vemos que na base dez, cada número tem um significado diferente consoante a sua posição:

$$7235,25 = 7 \cdot 10^3 + 2 \cdot 10^2 + 3 \cdot 19 + 5 \cdot 10^0 + 2 \cdot 10^{-1} + 5 \cdot 10^{-2}$$

Ora, para escrever números em notação sexagesimal, é preciso seguir certos critérios, mas cada critério não é normalizado para representar números em notação sexagesimal e varia consoante o autor ou o grupo de trabalho que o elabora:

- Separar cada uma das posições por um ponto baixo.
- Utilize a vírgula para indicar que a posição do número é inferior a um número inteiro.

Depois, seguindo um esquema semelhante ao do número em base decimal, podemos colocar os algarismos de um número em base sessenta em casas:

$$1{,}2{,}31{,}24{,}6{,}36 = 1 \cdot 60^3 + 2 \cdot 60^2 + 31 \cdot 60^1 + 24 \cdot 60^0 + 6 \cdot 60^{-1} + 36 \cdot 60^{-2}$$

Assim, temos:

603	602	601	600	60^{-1}	60^{-2}
1	2	31	24	6	36
Número em base sexagesimal					

Agora, vais lembrar-te de como converter o número 7235.25 da base 10 para a base 60.

Parte inteira

1) Divisão de números inteiros: Dividir 7235 por 60 e escrever o quociente e o resto.

$7235 \div 60 = 120$ (quociente) com um resíduo de 35

2) Repetir o processo com o quociente obtido até que o quociente seja 0.

$120 \div 60 = 2$ (quociente) com um resíduo de 0

$2 \div 60 = 0$ (quociente) com um resíduo de 2

Portanto, os restos das divisões em ordem inversa dão-nos a parte inteira na base 60: 2,0,35.

Parte fraccionada

Para a parte fraccionada, 0,25:

1. multiplicar por 60:

$$0{,}25 \times 60 = 15$$

Como chegámos a um número inteiro, terminamos aqrn.

Portanto, a parte fraccionada na base 60 é 15.

Resultado final

Juntamos a parte inteira e a parte fraccionada:

7235.25 na base 10 é 2.0.35, 15 na base 60.

210-1Isto pode ser lido como 2 unidades de 60 , 0 unidades de 60 , 35 unidades de 60 , e 15 unidades de 60 .

É de salientar que os babilónios não utilizavam qualquer símbolo para representar o número zero, ou seja, não tinham um símbolo para exprimir o *espaço vácuo*, o que levava a certas ambiguidades na representação de determinados números. Segundo Ortiz (2005), em vez do zero, os babilónios utilizavam um espaço branco (de uma certa amplitude). Por exemplo, os símbolos < *p* podem significar o número 11, o número 11-60, o número < p, o número < p, o número < p, o número < p, o número < p, o número < p, o número < p, o número < p, o número < p.

11 - 602,.... Mais tarde, para o lugar do zero usaram o símbolo .

Por exemplo, $7424_{(60)} = 2 \cdot 60^2 + 3 \cdot 60^1 + 33$

Para além do exposto, é de salientar que a cultura babilónica se caracterizou por ser o berço de grandes matemáticos, que eram capazes de efetuar operações aritméticas com facilidade, apesar de não disporem de um algoritmo para a divisão; resolviam também equações de segundo, terceiro e quarto grau, bem como sistemas de equações. Calculavam somas de progressões aritméticas, algumas geométricas e até trabalhavam com sequências de quadrados.

Diz-se que os escribas babilónicos eram peritos em matéria de cálculo, e que a chave do seu sucesso estava nas tábuas, pois aprendiam de cor grandes listas de cálculos para as poderem aplicar a problemas de todo o tipo.

Os textos matemáticos babilónicos especializavam-se sobretudo no tratamento de numerosos problemas para a apropriação de conceitos, não sendo em nenhum momento enunciado o método geral ou qualquer demonstração de um teorema. Bastava apresentar centenas de exemplos em que apenas se variavam os coeficientes do problema, que se referiam geralmente ao tratamento de séries de números e de relações geométricas.

Em geometria, os babilónios conheciam as propriedades dos triângulos semelhantes, além disso, podiam calcular o comprimento da diagonal de um retângulo, o que indica que conheciam as tríades pitagóricas e as raízes quadradas.

Álgebra na antiga Babilónia

Nas tábuas encontradas com conteúdo matemático relacionado com a álgebra, existe um grande número de problemas que mostram os conhecimentos obtidos pelos babilónios relativamente à solução de equações do primeiro e do segundo grau.

Neste sentido, de acordo com Mayoral (2009) a equação do segundo grau era frequentemente colocada como a solução de duas equações com duas incógnitas, da forma:

$$x + y = a$$

$$x \cdot y = b$$

^{2}onde *x*, *y*, são obviamente as soluções da equação quadrática: z -za+b = 0 Note que se $y = a - x$ e substituindo em $x - y = b$ temos:

$$x(a - x) = b \Leftrightarrow x^2 - ax + b = 0$$

A raiz quadrada na antiga Babilónia

O conhecimento babilónico da geometria é destacado:

1. A utilização do teorema de Pitágoras
2. Calcular a área de figuras simples.

O Teorema de Pitágoras utilizado pelos babilónios..: A utilização do Teorema de Pitágoras remonta a 1700 a.C., ou seja, cerca de 1200 anos antes do nascimento de Pitágoras. A tradução de uma tabuleta de argila babilónica conservada no Museu Britânico diz o seguinte:

- 4 é o comprimento e 5 é a diagonal. Qual é a largura? O seu tamanho é desconhecido.

4 vezes 4 é 16.

- 5 vezes 5 é 25.
- Subtrai-se 16 de 25 e sobram 9.
- Quantas vezes quanto é que devo tomar para obter 9?
- 3 vezes 3 é 9.
- 3 é a largura.

Além disso, na Tábua YBC 7289 da Universidade de Yale, datada de cerca de 1600 a.C., há um quadrado desenhado e os triângulos rectângulos resultantes desenhados nas diagonais.

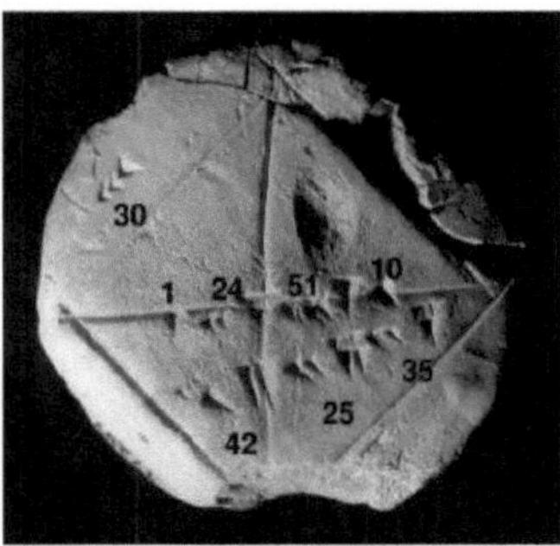

Figura 25: Tábua babilónica representativa da raiz quadrada de 2
Fonte: Retirado da Internet

$\sqrt{2}$. É interessante notar que os babilónios estudavam o número, que era representado na forma As tabelas babilónicas

(YBC 7289) (c. 2000-1650 a.C.) dão uma aproximação da raiz quadrada de dois em quatro dígitos sexagesimais (o sistema sexagesimal é um sistema numérico posicional que utiliza o dígito sessenta como base), o que é análogo a seis casas decimais:

$$1+\frac{24}{60}+\frac{51}{60^2}+\frac{10}{60^3}=1,41421296$$

$\sqrt{2}$. É de notar que esta aproximação de é muito superior à obtida pelos gregos muito mais tarde.

Por outro lado, a tábua de Plimptom é o documento matemático mais importante da antiga Babilónia. É datada entre 1900 e 1600 a.C. e foi descrita por vários historiadores, sendo muito significativa a interpretação dada em 1945 por Neugebauer e Sachs no seu livro Mathematical Cunei- form Texts. A tábua de Plimpton parece ser um simples registo de contas de transacções comerciais, mas os intérpretes afirmaram ver uma descrição de números pitagóricos e até de tabelas trigonométricas primitivas.

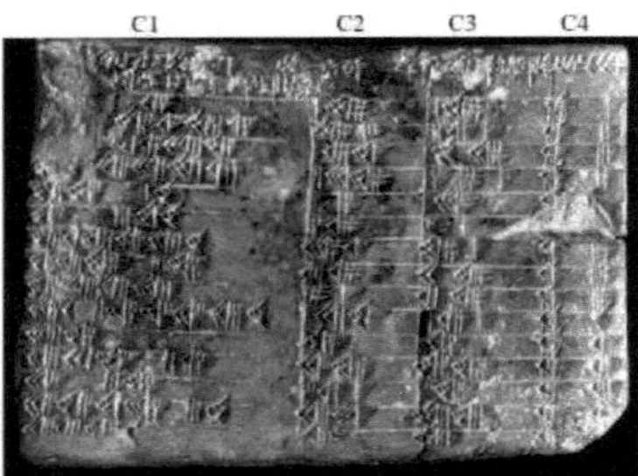

Figura 26: Tablet Plimptom Fonte: Retirado da Internet

Fernandez (2010) afirma que a decifração inicial da tábua corresponde a Neugebauer e Sach, que a publicaram em Mat-hematical Cuneiform Text, em 1945. Trata-se de uma tabuinha com 4 colunas (C 1 - C 4) por 15 linhas (mais um cabeçalho). Para proceder à interpretação, considere-se o seguinte triângulo retângulo, que representa geometricamente o tern pitag(a, b, c):

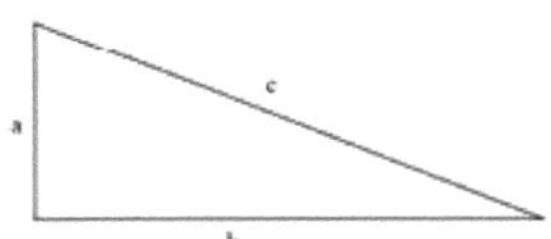

Figura 27: Interpretação Plimptom tablet 1
Fonte: Elaboração própria

- C 4: A última coluna é marcada com um número de ordem (de a 15) para cada linha.
- C 2: Aparece uma das pernas (por exemplo, "a").
- C 3: Refere-se à hipotenusa "c".

- Cl: Refere-se à expressão (c/b)2.

$(c/b)^2$	a	c	C4
1,59.0.15	1.59	2.49	1
1,56.56.58.14.50.6.15	56.7	1.20.25	2
1,55.7.41.15.33.45	1.16.41	1.50.49	3
1,53.10.29.32.52.16	3.31.49	5.9.1	4
1,48.54.1.40	1.5	1.37	5
1,47.6.41.40	5.19	8.1	6
1,43.11.56.28.26.40	38.11	59.1	7
1,41.33.59.3.45	13.19	20.49	8
1,38.33.36.36	8.1	12.49	9
1,35.10.2.28.27.24.26	1.22.41	2.16.1	10
1,33.45	45	1.15	11
1,29.21.54.2.15	27.59	48.49	12
1,27.0.3.45	2.41	4.49	13
1,25.48.51.35.6.40	29.31	53.49	14
1,23.13.46.40	56	1.46	15

Figura 28: Interpretação do tablet Plimptom 2 Fonte: Elaboração própria

O valor de cada perna "b" é determinado pela operação correspondente entre a primeira e a terceira colunas. Como se pode ver, a razão c/b corresponde à cossecante, pelo que esta tábua é considerada uma forma precoce e incipiente de trigonometria, sem exagerar desnecessariamente como o nascimento desta disciplina matemática.

Passando à notação decimal (ver tabela abaixo) e calculando os ângulos, verificamos que correspondem a ângulos que variam entre cerca de *45°* e cerca de *58°*.

a	b	c	α
119	120	169	45°11'10,704"
3367	3456	4825	45°59'47,186"
4601	4800	6649	46°17'0,738"
12709	13500	18541	46°58'17,707"
65	72	97	47°23'59,894"
319	360	481	48°30'26,355"
2291	2700	3541	49°54'46,935"
799	960	1249	50°18'16,167"
481	600	769	51°22'33,656"
4961	6480	8161	52°45'1,546"
45	60	75	53°10'24,491"
1679	2400	2929	55°1'55,225"
161	240	289	56°11'35,875"
1771	2700	3229	56°50'2,844"
56	90	106	58°8'44,199"

Figura 29: Interpretação do tablet Plimptom 3 Fonte: Elaboração própria

A matemática **na Grécia Antiga:** A história atual atribui à matemática o carácter de ciência dedutiva, herança indiscutível da civilização grega do período clássico, de cerca de 600 a.C. a 300 a.C. O melhor exemplo desta matemática encontra-se nos Elementos de Euclides (cerca de 325-265 a.C.), uma obra que revela parte dos progressos alcançados por esta civilização durante o período acima referido, e que constituiu durante dois milénios o modelo de trabalho matemático, com os seus traços distintivos de axiomatização e o recurso à demonstração como meio de validação de enunciados (ou teoremas) matemáticos estabelecidos. Além disso, para os chamados gregos clássicos, o estudo da matemática era indispensável para o desenvolvimento das capacidades intelectuais do homem, em particular do estadista.

Este fato é importante de ser resgatado, pois para outras culturas antigas como a chinesa ou a hindu, para citar algumas, estas não consideravam a matemática como um conhecimento fundamental, trazendo como conseqüência uma estagnação em todas as ciências e técnicas destas culturas.

Para a cultura grega clássica, devido à influência fundadora de Pitágoras de Samos

(569-475 a.C., aproximadamente) e a sua escola, a matemática era considerada a ciência adequada para a interpretação intelectual do mundo como um sistema racional, ordenado e harmonioso, e não caótico, caprichoso e arbitrário.

Por conseguinte, pode dizer-se que este desenvolvimento matemático foi impulsionado pelo ponto de vista filosófico pitagórico, no qual tudo na natureza era exprimível em termos de números inteiros positivos e de relações entre eles, ou seja, tudo se resume a números.

No entanto, esta particularidade sofre um forte revés com a descoberta dos números irracionais, o que provoca a primeira grande crise da matemática. Esta situação desencadeou nos gregos a procura de absorver este golpe na sua filosofia pitagórica, o que levou ao desenvolvimento de um maior conhecimento matemático por parte de vários pensadores que se preocuparam em adaptar a ideia de irracionalidade à teoria matemática da época.

É o que afirma Gartia (2009) a propósito da incomensurabilidade:

A questão da incomensurabilidade saiu do domínio da teoria grega dos números ou da aritmética e passou para o domínio da geometria. Neste último ramo, os gregos abordaram a questão elaborando uma teoria das proporções, incluindo as grandezas incomensuráveis, que dava uma explicação matemática completa do assunto; um trabalho atribuído pelos historiadores a Eudoxo de Cnidos (ca. 390 a.C. - ca. 337 a.C.) e incorporado por Euclides no Livro X da sua famosa obra.

(Gartia: 62)

Pode dizer-se que a relevância do desenvolvimento de tal teoria surgiu da descoberta de que A/2 não era o único número do género, para além disso, A/3, A/5, A/6, A/7, A/8, A/10, A/11, A/12, A/13, A/14, A/15 e A/17 eram irracionais como aparecem em alguns textos gregos.

Platão (428 a.C.-347 a.C.) é conhecido por ter colocado as palavras do Theaetetus:

Theodore ensinou-nos alguns cálculos das rifas dos números, mostrando-nos que as de três e cinco não são comensuráveis em comprimento com a de um, e continuou assim até à de dezassete e sete, na qual parou. Julgando, pois, que as rifas eram em número infinito, veio-nos ao espírito tentar compreendê-las sob um só nome, que a todas serve.

(Platão: 9)

Na mesma linha, na altura em que Euclides publicou os seus Elementos, no início do período alexandrino ou helenístico (cerca de 300 a.C.-600 d.C.), a teoria das grandezas incomensuráveis já fazia parte do conhecimento matemático da época e era aceite pela escola matemática grega, o que se reflectiu nas suas obras mais conhecidas: Elementos e Dados, onde desenvolve a teoria dos irracionais. Assim, nos Elementos faz um estudo da maioria dos resultados relativos aos irracionais que já eram conhecidos na altura.

Esta época histórica começa com as conquistas de Alexandre, o Grande, que veio a formar um grande império com uma capital recém-fundada no Egito: Alexandria, e que intencionalmente unificou a cultura grega com a do Próximo Oriente.

Assim, a conceção teórica dos gregos clássicos misturou-se com a visão prática dos babilónios e dos egípcios para produzir um novo pensamento matemático que, apesar de ter um pragmatismo (teórico) mais geométrico, não negligenciou as aplicações práticas dos seus resultados teóricos.

Por seu lado, Garda (2009) aponta exemplos desta nova atitude da matemática alexandrina nas obras dos matemáticos gregos Arquimedes de Siracusa (ca. 287-212 a.C.) e Apolónio de Perga (ca. 262- ca.200 a.C.). O mesmo

Nesta obra preferiu-se deixar de lado o estudo dos Elementos de Euclides em pormenor, embora em muitas partes sejam mencionados e utilizados os resultados de Euclides e os seus instrumentos de trabalho.

atitude encontrada naqueles que procuravam, ao estilo clássico, estudar matematicamente a natureza e que, ao fazê-lo, se deparavam com a resolução de problemas que exigiam o manuseamento operativo de dados quantitativos, como foi o caso dos astrónomos Hiparco de Niceia (ca. 180- ca. 125 a.C.) e Cláudio Ptolomeu (ca. 85- ca. 165 d.C.). Esta situação leva a que, na aplicação da matemática, se coloque o problema do cálculo de dados quantitativos que não correspondem a números racionais, como era o caso de *n*, pelo que, na prática, se tinha de contentar com aproximações calculadas com técnicas derivadas do conhecimento teórico e não do conhecimento empírico. É assim que, entre estes cenários, se encontravam aproximações de razões quadradas de números que não eram quadrados perfeitos, isto é, irracionais, e o exemplo por excelência é o método concebido por Heron de Alexandria (ca. 10 - ca. 75 d.C.), que será abordado neste trabalho.

Garça de Alexandria

Figura 30: Garça de Alexandria
Fonte: Retirado da Internet

Heron de Alexandria nasceu provavelmente por volta do ano 10 em Alexandria (Egito), onde realizou a maior parte da sua obra, e morreu por volta do ano 75, também no Egito. Escreveu pelo menos 13 obras (algumas delas são claramente livros de texto) sobre mecânica, matemática e física em geral. Inventou vários instrumentos mecânicos, a maior parte deles para uso prático, projectando mais de 100 máquinas com diferentes utilidades.

No entanto, é mais conhecido como matemático, tanto no domínio da geometria (cálculo de áreas de triângulos, quadriláteros e polígonos regulares e de áreas e volumes de prismas, pirâmides, cilindros, cones e esferas) como no da geodesia (ramo da matemática que se ocupa da determinação da dimensão e da configuração da Terra).

O seu principal tratado sobre medição, Metrica, é composto por três livros, e em todos eles é dado o suporte teórico para as fórmulas utilizadas, pelo que não são meras enumerações de regras a utilizar; além disso, nos seus exemplos não utiliza medidas mas números sem unidades de medida. No Livro I, Heron apresenta uma fórmula, demonstrada matematicamente, para calcular a área de um triângulo a partir dos seus três lados, que hoje tem o seu nome, embora se saiba que é devida a Arquimedes. $A^2 = s(s-a)(s-b)(s-c)$ $s = (a+b+c)/2$. A chamada fórmula de Heron é onde s é o semi-perímetro, ou seja, A É importante notar que esta fórmula prevalece atualmente e pode ser encontrada em todos os manuais de geometria utilizados no ensino secundário.

Além disso, sendo uma fórmula aplicável a qualquer triângulo, o resultado da multiplicação nem sempre tinha de ser um quadrado perfeito, mas podia não o ser. Assim, para obter a área do triângulo A é necessário calcular a raiz quadrada do resultado da referida multiplicação, e no caso de este não ser um quadrado perfeito, Heron no seu livro propõe uma técnica de aproximação ao quadrado nn'z. Esta técnica será estudada mais tarde, basicamente por ser um método acessível aos alunos do ensino secundário, pela sua interpretação geométrica e pelo seu elevado grau de aproximação.

A **matemática na China:** Ao longo da história, a matemática chinesa evoluiu de forma autónoma, sem influência direta de outras civilizações. Este facto deve-se em grande parte à localização geográfica da China, às barreiras de comunicação da época e à forma particular como os chineses integraram aspectos de culturas estrangeiras durante as invasões. Ao contrário da matemática grega, não existe um desenvolvimento axiomático. O conceito de prova matemática na China é muito diferente do dos gregos, mas a abordagem e os resultados obtidos são, no entanto, surpreendentes. De facto, não é fácil estabelecer os primórdios da sua origem.

De acordo com o historiador chinês Ling Wang, os primórdios da matemática chinesa remontam ao século XVI a.C. Neste desenvolvimento, foram sempre utilizados o sistema decimal, números hieroglíficos e dispositivos especiais de cálculo, nós, tábuas, quadrados, esquadros, bússolas, compassos.

Na China antiga, tal como no Egito e na Babilónia, os livros de matemática consistiam em compilações de problemas práticos, nos quais eram apresentados o problema, a resposta e, por vezes, o método para chegar à solução. Apesar da descoberta, em 1984, do Suan shu shu (Um Livro de Aritmética), um texto datado de cerca de 180 a.C., o nosso conhecimento da matemática chinesa antes de 100 a.C. é muito limitado. Foi encontrado perto de Jiangling, na província de Hubei, e está escrito em tiras de bambu. Atualmente, quase não restam vestígios de textos escritos durante a dinastia Han, mas o imperador Shih Huang-ti, da dinastia Chin, ordenou que fossem queimados em 213 a.C. Mais tarde, durante a dinastia Han seguinte, os matemáticos foram obrigados a reescrever os livros antigos. Entre as obras mais proeminentes contam-se o Zhou bi suan jing (O Clássico da Aritmética Gnómona, acima citado, e os Caminhos Circulares do Céu), por vezes conhecido como Chou Pei Suan Ching, e o Chiu chang suan shi (Os Nove Capítulos sobre a Arte Matemática), também chamado Jiu zhang suan shu.

A exposição é dogmática: as condições do problema são formuladas e as respostas são dadas. Depois de apresentar uma série de problemas do mesmo tipo, é dado um algoritmo de solução, que consiste numa regra geral, mas a dedução dessa regra não aparece.

A este respeito, "Matemática em Nove Capítulos" foi reelaborado ao longo da Idade Média, tendo-se tornado uma enciclopédia matemática não só na China, mas também em países vizinhos como o Vietname e partes da Índia.

Segundo Rftnikov (1987), o valor de $n = 3$ é utilizado no primeiro capítulo e parece provir de tempos muito antigos. No entanto, os matemáticos chineses dessa época eram capazes de calcular o valor de n com mais exatidão. Assim, por exemplo, para o século I da nossa era, nos trabalhos de Lin Sing encontra-se o valor de n = 3,1547, no século II, nos manuscritos de ChisanHen, temos que n = д/Ю- Para o século III, calculando o valor dos lados de poHgons inscritos, Liu Hui encontrou que n = 3,14, para isso, partiu da ideia de que a área do círculo é aproximada por defeito pelas áreas dos poHgons inscritos. Para o caso da aproximação por excesso à área desses poHgonos, adicionam-se as áreas dos rectângulos circunscritos em torno dos restantes.

segmentos. $: \frac{22}{7}$ y $\frac{385}{113}$, No século V, Tsu Chung-Chih encontrou para n dois valores de fracções convenientes que dão uma aproximação do valor de n a um sétimo dígito de 7113: $3{,}1415926 < \pi < 3{,}1415927$.

Os seguintes problemas, retirados da obra acima mencionada, são apresentados a seguir: Problema 36 (Capítulo I). $78\frac{1}{2}$ $13\frac{7}{9}$ Dado um campo na forma de um segmento circular de base e altura, encontrar a área.

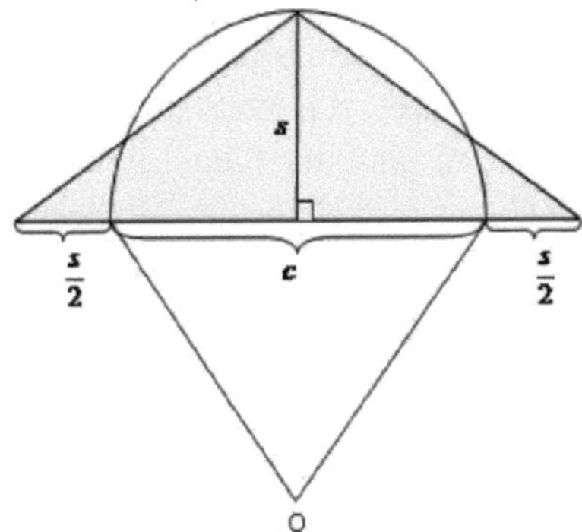

Figura 31: Sagita Fonte: Elaboração própria

A altura era antigamente chamada Sagitário (Sagittarius) e a base é chamada corda. Para calcular a área de um segmento circular em função de y, os chineses utilizavam a fórmula:

$$A = s\frac{c+s}{2}$$

A fórmula exacta para calcular a área do segmento circular com recursos modernos pode ser expressa da seguinte forma

$$A = \left[\arccos\left(\frac{c^2-4s^2}{4s^2+c^2}\right)\right]\left(\frac{4s^2+c^2}{8s}\right)^2 - \frac{c\left(\frac{4s^2+c^2}{8s}-s\right)}{2} =$$

$$\left(\arcsin\frac{4cs}{4s^2+c^2}\right)\left(\frac{4s^2+c^2}{8s}\right)^2 - \frac{c\left(\frac{4s^2+c^2}{8s}-s\right)}{2}$$

Problema *N*° 11 (Capitulo IV). Determinar as dimensões de uma porta conhecendo a diagonal e a diferença entre o comprimento e a largura. Com a notação atual o problema reduz-se a duas equações:

$$x^2 + y^2 = c^2 \qquad x - y = k$$

Que se escreve como:

$$2x^2 + 2kx + k^2 - c^2 = 0$$

No texto está escrito:

$$X_{1,2} = \sqrt{\frac{c^2 - 2(\frac{k}{2})^2}{2}} \pm \frac{k}{2}$$

No tratado, não há deduções ou demonstrações da suposição de que os valores acima foram obtidos da seguinte forma:

$$X_{1,2} = z \pm \frac{k}{2}$$
$$X_1^2 + X_2^2 = 2z^2 + 2\frac{k}{2}^2 = c^2$$

De onde:

$$Z = \sqrt{\frac{c^2 - 2(\frac{k}{2})^2}{2}}$$

Problema n° 15 (Capítulo IV). Dado um campo quadrado de área 5677522 ¿Qual é o comprimento do campo: No quarto livro chamado Shao-Huan ou para outros autores: Distribuição por progressões, são propostos e resolvidos problemas envolvendo números irracionais, por exemplo:

1. Extração de raízes quadradas e cúbicas.
2. Dado um quadrado de área dada, calcular o lado.
3. Cálculo do raio de uma circunferência dada a sua área.

Os métodos utilizados pelos chineses para extrair raízes são semelhantes aos aprendidos há muitos anos pelos estudantes nos primeiros anos do ensino secundário.

Sabe-se que os antigos chineses conheciam bem o teorema de Pitágoras. No último capítulo (Gou Gu) do Jiuzhang suanshu, como indicado anteriormente, são apresentados vinte e quatro problemas relacionados com as propriedades dos triângulos rectos. Na China antiga, a base de um triângulo retângulo era conhecida como *kou ou gou*, a altura *ku ou gu* e a hipotenusa *hsian oxian*.

Liu Hui (ca. séc. III d.C.) foi um matemático chinês que fez uma importante descoberta matemática num comentário ao Jiuzhang suanshu ou Nove Capítulos da Arte Matemática, por volta de 263. Em particular, o seu comentário ao problema apresentado em Gou Gu, descreve a solução do problema do triângulo retângulo através de um diagrama e torna-se prova de que a China antiga reconhecia o teorema de Pitágoras. Nele, Liu utiliza o teorema de Pitágoras para calcular a altura dos objectos e a distância aos objectos que não podem ser medidos diretamente. É importante referir que o diagrama inclui um quadrado central amarelo, que não é mencionado no comentário de Liu Hui sobre a demonstração da relação *gou-gu*. Apesar disso, o diagrama continua a ser relevante, como veremos de seguida. Em primeiro lugar, observe-se um dos triângulos formados pelo desenho da diagonal de um retângulo; o lado mais curto do triângulo é o lado gou, e o quadrado desse lado está colorido a vermelho. Do mesmo modo, o lado mais comprido do retângulo corresponde ao lado *gu* do triângulo, e o quadrado desse lado é colorido a azul-verde.

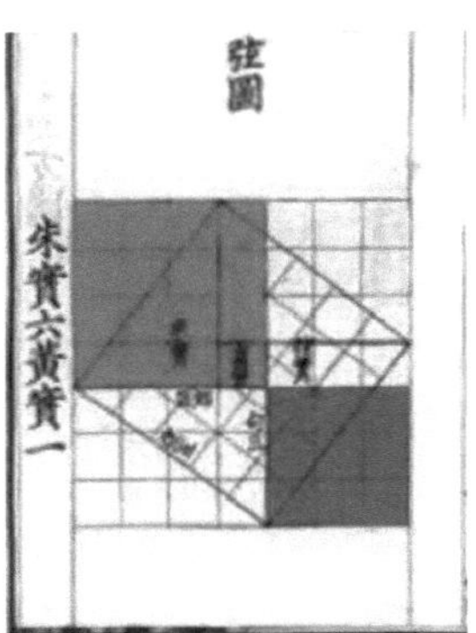

Figura 32: Representação esquemática do argumento de Liu.
Fonte: Tarefa baseada na história da China Antiga para apoiar o raciocínio geométrico e a literacia matemática dos alunos na aprendizagem de Pitágoras

Fachrudin et al (2019) apresentam uma interpretação geométrica do argumento de Liu Hui que é uma prova do teorema de Pitágoras, que é apresentada a seguir.

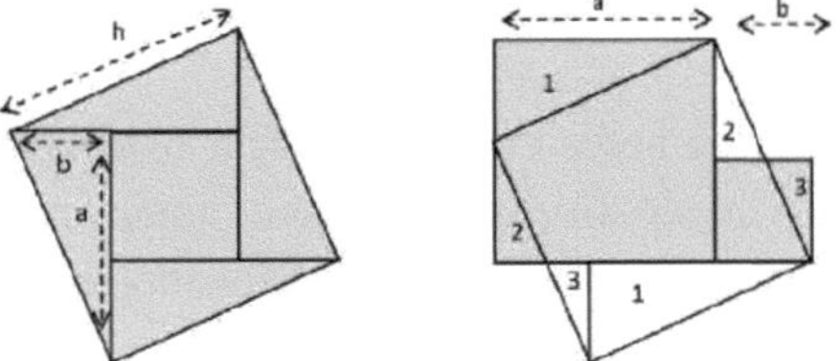

Figura 33: Representação esquemática do argumento Liu2.
Fonte: Tarefa baseada na história da China Antiga para apoiar o raciocínio geométrico e a literacia matemática dos alunos na aprendizagem de Pitágoras

Da Grécia à Roma Antiga: De acordo com o acima exposto, a civilização grega alcançou um lugar de destaque na história da humanidade e, no que diz respeito a este trabalho, especialmente na matemática. Embora os gregos tenham absorvido e adaptado elementos das civilizações vizinhas, conseguiram criar uma cultura original e excecional que conseguiu manter uma influência duradoura na cultura ocidental moderna. As origens da cultura grega remontam a cerca de 2800 a.C. Os gregos migraram para uma região que pode ter sido o seu local de nascimento, conhecida como Ásia Menor, na Europa continental, no que é hoje a Grécia, e no Sul de Itália, Sicília, Creta, Rododara, Rosário, Madagáscar e Norte de África O alfabeto fenício foi introduzido pelos gregos em cerca de 775 a.C., substituindo os sistemas de escrita dos antigos gregos.Este facto levou a que a sua cultura se tornasse mais culta, o que lhes permitiu documentar melhor a sua história e os seus pensamentos com a ajuda do alfabeto.

A este respeito, Gil (s.d.) aponta uma importante divisão de períodos que enquadram a história da matemática grega, o que, na sua opinião pessoal, constitui um conhecimento fundamental para qualquer educador nesta ciência. Estes períodos são visualizados da seguinte forma:

1. O período inicial é designado por período jónico e decorre entre o final do século VII e meados do século V. Caracteriza-se pela formação da matemática como ciência autónoma.
2. O segundo período durou aproximadamente entre 450 e 300 a.C. É o chamado período ateniense. A matemática durante este período da antiguidade atingiu a sua estrutura interna completa, descrevendo aquilo a que se chama álgebra geométrica.
3. Na terceira fase, o período helenístico, que vai de meados do século IV a meados do século II a.C. Aqui a matemática antiga atingiu o seu auge, especialmente até 150 a.C. É, por vezes, designado por período alexandrino, porque foi aqui que Alexandria foi, sem dúvida, o ponto central do trabalho matemático do mundo antigo.
4. O quarto período é caracterizado pela decadência da matemática, consequência do declínio geral de todas as ciências devido à decadência e ao colapso da sociedade escravocrata; no entanto, é de notar que partes importantes da matemática antiga sobreviveram graças a vários estudiosos orientais.

Do que precede, é necessário salientar que, embora a antiga civilização grega tenha existido até cerca de 600 d.C., do ponto de vista da história da matemática, podem distinguir-se facilmente dois períodos de tempo fundamentais:

O clássico, de 600 a.C. a 300 a.C. e o alexandrino ou helenismo, como descrito acima. Para além da adoção do alfabeto e da disponibilidade do papiro, que permitiram, sem dúvida, a difusão das suas ideias.

Os matemáticos gregos destacaram-se pela sua ênfase nas demonstrações dedutivas, um avanço único em comparação com outras civilizações. Embora muitas culturas tenham desenvolvido a aritmética e a geometria básicas, só os gregos se concentraram em chegar a conclusões através do raciocínio dedutivo. Esta prática contrastava radicalmente com os métodos tradicionais de aquisição de conhecimentos, que se baseavam na experiência, na indução, na analogia e na experimentação. Os gregos, na sua busca de verdades absolutas, entenderam que o raciocínio dedutivo era a única forma infalível de as alcançar. Para garantir a solidez das suas conclusões, estabeleceram axiomas no início dos seus trabalhos, permitindo um exame crítico e fundamentado dos seus fundamentos.

Apesar das suas realizações espantosas, a matemática grega continua a ter lacunas. As suas limitações apontam o caminho para o progresso, mas ainda não estão abertas a certas ideias. Gil (s.d.) refere que a primeira limitação é a incapacidade de reconhecer o conceito de números irracionais. De facto, pode-se supor que existiam na Grécia antiga vestígios do que hoje conhecemos como números irracionais, que estão fortemente relacionados com a ideia de incomensurabilidade descoberta pelos pitagóricos.

Nesta linha, Arevalo (2011) argumenta que, na matemática moderna, as razões incomensuráveis são expressas por números irracionais, mas os pitagóricos nunca teriam aceite tais números. De facto, argumentou-se acima que os babilónios trabalhavam com tais números como uma aproximação, embora provavelmente não soubessem que tais fracções nunca poderiam ser exactas, tal como os egípcios não aprenderam a reconhecer a natureza especial dos irracionais.

É, portanto, interessante notar que os pitagóricos, pelo menos, compreenderam que as razões incomensuráveis são de um tipo muito diferente das razões comensuráveis.

É preciso ter em conta que os gregos antigos separavam o estudo das relações entre os números da aritmética prática. A primeira chamava-se aritmética, enquanto o cálculo se chamava log^stica. É interessante notar que esta divisão se manteve até ao final do século XV e que a aritmética atual se refere à log^stica grega, enquanto a teoria dos números se refere à aritmética dos gregos. Recordemos que dois segmentos são comensuráveis se for possível encontrar, num número finito de passos, um segmento que sirva de unidade comum aos dois segmentos dados. A ação de encontrar essa medida comum dá sentido ao *verbo comensurar*.

Esta descoberta levantou um problema central na matemática grega. Até então, os pitagóricos reconheciam o número e a geometria, mas a presença de causas desproporcionadas destruiu esse reconhecimento. Não se detiveram a considerar todos os tipos de razões de comprimentos, áreas e proporções geométricas, limitando-se apenas a considerar as razões numéricas. É importante notar a ideia central do pensamento pitagórico, em que os números eram a essência de tudo, que é parte integrante da correspondência entre a aritmética e a geometria. Assim, na escola de Pitágoras, as grandezas começaram a ser comparadas umas com as outras no sentido de magnitude. Eles tratavam quantitativamente a comparação de grandezas, de modo que consideravam cada par de grandezas como sendo comparável. No entanto, acredita-se que Hippasus de Metapontus, que fazia parte dessa escola (século VI a.C.), supostamente descobriu a existência de quantidades não-comensuráveis e as chama de quantidades incomensuráveis.

É de salientar que esta descoberta deu origem ao que conhecemos como números irracionais; como consequência, gerou uma rutura paradigmática no que respeita à importância da geometria sobre a aritmética, deixando a sua marca na teoria matemática e filosófica.

Nesta linha, Cardona & Munoz (2018) apontam:

A revelação de Hippiano da existência de segmentos incomensuráveis foi, segundo Merzbach & Boyer (2011), "...de profundo significado para a filosofia de Pitágoras" (p. 65). Segundo a lenda, tais segmentos põem em causa tudo o que tinha sido estabelecido pelos pitagóricos, que baseavam as suas teorias em propriedades e relações de segmentos multiplicados por uma dada unidade, ou em divisões finitas dessa unidade. O incomensurável é então apresentado como o impensável.

(p:14)

Na mesma linha, Pineda & Nanez (2020) referem que, para os gregos antigos, a medição era a comparação e o processo de comparação de duas grandezas. Era conhecida como *antiphaisresis*, e consiste em fazer subtracções sucessivas até encontrar uma grandeza que consiga medir as duas partes indicadas, ou seja, dadas duas grandezas, uma grandeza mede a outra quando a primeira cabe um número natural de vezes na segunda. Na verdade, isto é: *Um* segmento (grandeza) A mede outro segmento B, se tivermos que $B = nA$, para algum número n *e* N.

Agora, se for dado que para duas grandezas A e B isso não acontece, procuramos uma grandeza C que mede as duas, ou seja, que $A = nC$ e $B = mC$, onde n, m *e* N. Esta é uma forma de determinar o número de vezes que C está em A e B respetivamente. Se traduzirmos isto para a nossa linguagem matemática temos: Dois segmentos (grandezas) A e B são comensuráveis, se existirem números n e m tais que $nA = mB$.

Podemos facilmente verificar que $A = -B$, no entanto em grego antigo a expressão - não tinha significado, mas passa a ter significado com a incorporação dos números n

racional.
Finalmente, com a descoberta do incomensurável, todas as demonstrações pitagóricas, que comparavam proporções de quantidades geométricas, foram afectadas e tiveram de ser reconstruídas. Isto permite compreender o sigilo sobre a ideia de irracionalidade por parte dos pitagóricos e a lenda do castigo por a terem revelado. Lendas e conjecturas à parte, a descoberta das grandezas irredutíveis provocou um escândalo lógico em todos os círculos pitagóricos, o que era compreensível, pois exigia uma revisão completa dos seus fundamentos matemáticos e filosóficos, mas não foi apenas o berço da geometria grega, considero muito necessário fazer uma breve revisão do tema dos incomensuráveis, pois ele, como indicado, marcou um ponto de viragem no desenvolvimento matemático e filosófico da Grécia antiga.

Raiz quadrada de dois (constante pitagórica)

Figura 34: Pitágoras Fonte: Retirado da Internet

Nasceu na ilha de Samos, na atual Grécia, em 582 a.C. e morreu em Metapontum, na atual Itália, por volta de 497 a.C. Filósofo e matemático grego, o seu estatuto de fundador de uma seita religiosa levou ao aparecimento precoce de uma tradição lendária à sua volta.
A primeira parte da sua vida foi passada em Samos, ilha que abandonou alguns anos antes da execução do seu tirano Pohcrates, em 522 a.C. Viajou para Mileto, visitou depois a Fenícia e o Egito; neste último país, berço do conhecimento esotérico, é-lhe atribuído o estudo dos mistérios, bem como da geometria e da astronomia.
A comunidade liderada por Pitágoras acabou por se tornar uma força política aristocrática que despertou a hostilidade do partido democrático, levando a uma revolta que obrigou Pitágoras a passar os últimos anos da sua vida em Metapontum.
A comunidade pitagórica estava envolta em mistério; parece que os discípulos

de Pitágoras tinham de esperar vários anos antes de serem apresentados ao mestre e mantinham sempre um segredo rigoroso sobre os ensinamentos que recebiam. As mulheres podiam fazer parte da sociedade; o mais famoso dos seus membros foi Teano, esposa do próprio Pitágoras e mãe de uma filha e dois filhos do filósofo.

O pitagorismo era um modo de vida, inspirado por um ideal austero e baseado na comunidade de bens, cujo principal objetivo era a purificação ritual (catarse) dos seus membros através do cultivo de um conhecimento em que a música e a matemática desempenhavam um papel importante. O caminho desse conhecimento era a philosoria, termo que, segundo a tradição, Pitágoras foi o primeiro a utilizar no seu sentido literal de "amor à sabedoria". Os pitagóricos dividiram o conhecimento científico em quatro ramos: A aritmética ou ciência dos números - o seu lema era tudo é número -, a geometria, a música e a astronomia.

A perfeição numérica, para os pitagóricos, dependia dos divisores dos números. Estudavam as propriedades dos números que hoje nos são familiares, como os números pares e ímpares, os números perfeitos, os números amigáveis, os números primos, os números figurados: triangulares, quadrados, pentagonais.

O número p2

O número quadrado de 2 foi possivelmente o primeiro número irracional conhecido pelos pitagóricos. Eles esconderam a sua descoberta por razões místicas. Geometricamente é o

comprimento da diagonal de um quadrado unitário.

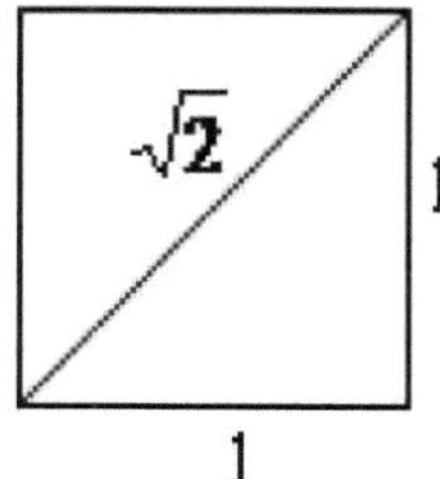

Figura 35: Número ra^z de 2 Fonte: Elaboração própria

A descoberta da raiz quadrada de 2 como um número irracional é geralmente atribuída ao filósofo grego Hippos de Metapontus. Foi ele o primeiro a promover a demonstração da irracionalidade. Diz-se que descobriu a irracionalidade da razão de 2 quando tentou examinar uma expressão racional da mesma. No entanto, Pitágoras acreditava na definição incondicional dos números como médias, o que o obrigava a não acreditar na objetividade dos irracionais. Por essa razão, foi desde o início contra essa manifestação, pelo que foi condenado à pena capital pelos seus companheiros pitagóricos.

Algumas representações de д/2: Uma aproximação ao ralz aparece na Índia antiga nos textos matemáticos Sulbasutras. Esta aproximação é a seguinte:

1. $1+\frac{1}{3}+\frac{1}{3\cdot 4}-\frac{1}{3\cdot 4\cdot 34}=\frac{577}{408}\approx 1,414215686$

$$\sqrt{2}=1+\frac{1}{2+\frac{1}{2+\frac{1}{2+\dots}}}$$

2. Como fracções contínuas:

3. Como um produto infinito:

$$\sqrt{2}=\left(1-\frac{1}{4}\right)\left(1-\frac{1}{38}\right)\left(1-\frac{1}{100}\right)\dots$$

$$\sqrt{2}=\left(\frac{2\cdot 2}{1\cdot 3}\right)\left(\frac{6\cdot 6}{5\cdot 7}\right)\left(\frac{10\cdot 10}{9\cdot 11}\right)\left(\frac{14\cdot 14}{13\cdot 15}\right)\left(\frac{18\cdot 18}{17\cdot 19}\right)\dots$$

$$\sqrt{2}=\left(1+\frac{1}{1}\right)\left(1-\frac{1}{3}\right)\left(1+\frac{1}{5}\right)\dots$$

4. Com fórmulas de Taylor para funções trigonométricas :

$$\sqrt{2}=1+\frac{1}{2}-\frac{1}{2\cdot 4}-\frac{1\cdot 3}{2\cdot 4\cdot 6}-\frac{1\cdot 3\cdot 5}{2\cdot 4\cdot 6\cdot 8}\dots$$

5. Métodos de Euler para as séries:

$$\sqrt{2}=\frac{1}{2}+\frac{3}{8}+\frac{15}{64}+\frac{35}{256}+\frac{315}{4096}+\frac{693}{16384}\dots$$

O símbolo do quadrado rm'z: $\sqrt{}$ foi introduzido em 1525 pelo matemático Christoph Rudolff para representar esta operação, que aparece no seu livro *Coss*, o primeiro tratado de álgebra escrito em alemão vulgar. O sinal não é mais do que uma forma estilizada da letra minúscula r para a tornar mais elegante, alongando-a com um traço horizontal, até adotar a sua aparência atual, que representa a palavra latina radix, que significa rrnz. Conjetura-se também que poderia ter surgido da evolução do ponto que por vezes era utilizado anteriormente para o representar, onde teria sido acrescentado um traço oblíquo na direção do radicando.

$\sqrt{2}$ **Irracionalidade de :** Demonstração aritmética da irracionalidade de rrnz de 2.

$\sqrt{2}$ Assume-se que é um número racional, ou seja, pode ser escrito na forma:

$$\sqrt{2}=\frac{p}{q}$$

Na condição de o maior divisor comum de p e q ser 1.

2

$2=\frac{p^2}{q^2}$ Elevando ao quadrado e operando sobre o quadrado obtém-se: . Portanto, obtém-se o seguinte $2p^2 = q^2$

^{2}Portanto, p deve ser múltiplo de 2, o que implica que p também é múltiplo de 2. Ou seja, $p = 2k$ para um determinado k. Substituindo, obtemos: $2q^2 = (2k)^2$ y $q^2 = 2k^2$

^{2}Logo, q é múltiplo de 2 e, portanto, q também é múltiplo de 2, o que implica uma contradição, pois $(p, q) = 1$.

$\therefore \sqrt{2}$ é um número irracional

Incomensurabilidade da diagonal de um quadrado em relação ao seu lado:

Comensurabilidade de dois segmentos

Dois segmentos quaisquer são comensuráveis se houver uma unidade de medida comum. Por exemplo, considere os segmentos A e B na figura abaixo.

Figura 36: Dois segmentos conmesuráveis
Fonte: Elaboração própria

O que é que significa que dois segmentos têm uma medida comum?

Em primeiro lugar, note-se que o segmento B é mais pequeno do que o segmento A, pelo que (ver figura 4.9) podemos incluir o primeiro dentro do segundo tantas vezes quantas couberem. Este caso particular mostra que B cabe duas vezes dentro de A, mas deixa um resto: um pequeno segmento C que, naturalmente, é mais pequeno do que B. Podemos, portanto, incluir C dentro de B, tantas vezes quantas couberem (neste caso, uma) o que deixa um resto, um segmento D mais pequeno do que C. Repetimos o procedimento colocando D dentro de C tantas vezes quantas forem possíveis (neste caso, quatro) e vemos que não sobra nenhum resto. Consequentemente, o segmento D é uma medida comum dos segmentos A e B porque está contido um número inteiro de vezes em cada um deles: 14 vezes no primeiro e 5 vezes no segundo.

O aparecimento dos números incomensuráveis: O aparecimento das grandezas incomensuráveis marcou uma mudança radical na evolução histórica da geometria grega, pois pôs fim ao sonho filosófico pitagórico do número como essência da unidade, eliminou da geometria a possibilidade de medir sempre com exatidão e foi o primeiro passo no desenvolvimento da geometria.

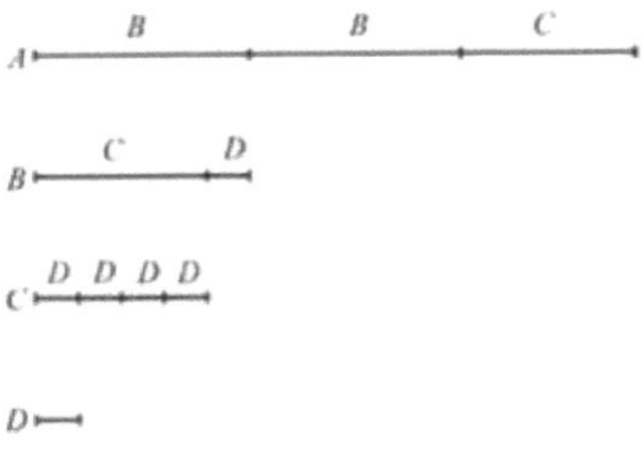

Figura 37: Dois segmentos conjuntáveis 2

Fonte: Elaboração própria

que deu à matemática grega uma orientação geométrico-dedutiva consubstanciada na compilação enciclopédica dos Elementos de Euclides. Os incomensuráveis conduzem a uma reviravolta lógica que abala os fundamentos da geometria grega, pois ao invalidar todas as provas pitagóricas dos teoremas que utilizavam proporções, produzem a primeira crise de fundamentos da história da matemática.

A descoberta da incomensurabilidade é um marco na história da Geometria, pois não se trata de algo empírico, mas puramente teórico. O seu aparecimento marcou o momento mais dramático não só da Geometria Pitagórica mas de toda a Geometria Grega, e foi certamente o que deu à Matemática Grega uma mudança de rumo que a transformaria na obra de engenharia geométrico-dedutiva consubstanciada nos Elementos de Euclides.

Demonstração geométrica da incomensurabilidade da diagonal de um quadrado em relação ao seu lado.

A demonstração da incomensurabilidade da diagonal de um quadrado em relação ao seu lado, tomaremos como referência a efectuada por Tom Apostol no ano 2000. Sem perda de generalidade, consideremos um quadrado de lado 1

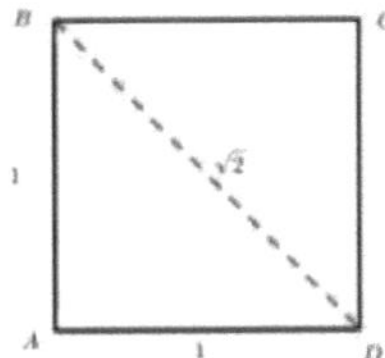

Figura 38: Quadrado do lado 1

Fonte: Elaboração própria

A demonstração é efectuada por reductio ad absurdum. „Suponhamos que existe uma unidade de medida comum $l = 0$ que divide 1 e 2.

Consideremos o triângulo retângulo isósceles DAB .

Com raio 1, traçar um arco que corte a hipotenusa BD num ponto F .

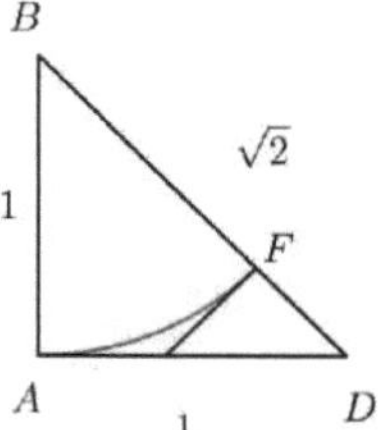

Figura 39: Demonstração 1
Fonte: Elaboração própria

O segmento FE perpendicular a BD passa por F .

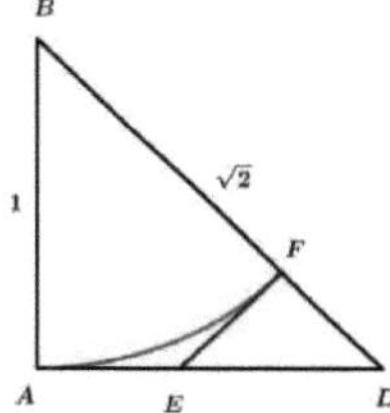

Figura 40: Demonstração 2 Fonte: Elaboração própria

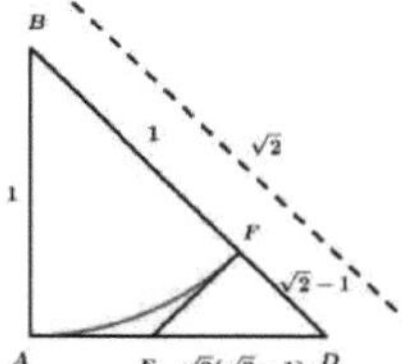

Figura 41: Demonstração 3 Fonte: Elaboração própria

É evidente que o triângulo EFD é rectagular em F e isósceles.
„Note-se então que se encaixa k vezes no triângulo EFD , obtemos os seguintes dados.

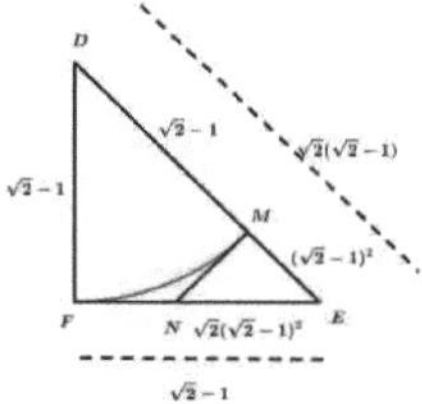

Figura 42: Demonstração 5 Fonte: Elaboração própria

„Note-se então que cabe t vezes em $(\sqrt{2}-1)^2$

Repetindo este processo, podemos concluir que, nos comprimentos das hipotenusas e das pernas dos triângulos sucessivos, obtemos uma sequência estritamente decrescente.

Iteraciones	1	2	3	4	...	n
l_n	1	$\sqrt{2}-1$	$(\sqrt{2}-1)^2$	$(\sqrt{2}-1)^3$	...	$(\sqrt{2}-1)^n$

Iterações	1	2	3	4	...	n
l_n	1	$V2$ - 1	$(V2$ - $1)^2$	$(V2$ - $1)^3$	...	$(V2$ - $1)^n$

$l_n : \left(\sqrt{2}-1\right)^{n-1}$ aplicando o limite ao infinito, obtém-se:

$$\lim_{n\to\infty} l_n = 0$$

$_n$ $l_n \neq 0$. Isso implicaria que o segmento *l* dividiria simultaneamente o cateto e a hipotenusa, o que leva a uma contradição, já que se supunha que . Ou seja, esses dois segmentos não são comensuráveis. Isto leva ao facto histórico de a grande crise pitagórica ter ocorrido com o aparecimento destas grandezas incomensuráveis. Do ponto de vista pitagórico, se os números são o princípio orientador do universo, é natural supor que eles são suficientes para o processo de medição do tamanho. Trata-se de um processo abstrato em que se tenta comparar tamanhos em termos de quantidade.

Por outro lado, aprofundando um pouco as matemáticas na Roma antiga, Suarez et al (2023) avançam a ideia de que os historiadores da matemática tendem a excluir os antigos romanos nos seus trabalhos, considerando-os pragmáticos na aplicação da disciplina e não reconhecendo o conhecimento implícito nas suas grandes construções. A questão que se coloca é: porque é que não desenvolveram a matemática teoricamente, apesar de conhecerem bem as obras dos principais autores gregos e helenísticos? É importante notar que existem poucas fontes disponíveis sobre este assunto, o que exige uma abordagem diferente para a sua análise.

Sabe-se que os antigos romanos fizeram avanços significativos na engenharia e na arquitetura, criando inovações como fontes públicas, banhos comunitários, sistemas de drenagem complexos, vias de comunicação e edifícios monumentais. As suas realizações notáveis em domínios como a saúde e as infra-estruturas, bem como os seus impressionantes feitos de engenharia romana, parecem sugerir aplicações avançadas da matemática; esta ideia, no entanto, é incorrecta. De facto, a contribuição romana para a matemática foi bastante limitada.

Neste sentido, Lynch 2019 observa que:

Os romanos não estavam interessados em investigações especiais ou lógicas. Aplicavam regularmente a matemática simples para resolver problemas práticos. Também precisavam de aritmética elementar para a supervisão e gestão do comércio e da fiscalidade, mas contentavam-se com regras gerais que pouco exigiam para compreender o vasto corpo de estudos teóricos gregos.

(p:1)

Os engenheiros e técnicos militares romanos interessavam-se apenas pelas matemáticas simples, indispensáveis à resolução de problemas práticos. Curiosamente, tinham pouco interesse na trigonometria grega, que poderia ter sido muito útil na topografia, na engenharia e na astronomia. Ignoravam a beleza da matemática teórica e da geometria que os gregos do seu tempo tanto valorizavam.

Considere-se que, em meados do século I a.C., os romanos tinham consolidado o seu controlo sobre os antigos impérios grego e helenístico, o que provocou uma paragem no desenvolvimento matemático dos gregos. Embora os romanos fossem o império dominante na Terra, não se registaram inovações matemáticas durante o seu império e na República Romana, nem matemáticos de renome.

Curiosamente, de acordo com Lynch (2019), o calendário romano organizado por Júlio César tinha um ano bissexto de quatro em quatro anos, num ciclo anual de 365 dias que implicava cálculos matemáticos complexos. Mas este projeto foi levado a cabo pelo astrónomo grego Socinius de Alexandria. O seu projeto manteve-se em vigor durante 1500 anos, até ser substituído no uso moderno pelo calendário gregoriano.

Por outro lado, diz-se que em Roma havia um zero, mas não havia um terceiro número. O algarismo romano zero é utilizado apenas em sistemas numéricos. Posições como decimais. O número zero não tem importância. Ele escreve os termos e as operações matemáticas. Mas a ex pressão verbal do zero chama-se nulla ou nihil, que significa "sem" em latm.

Além disso, sabe-se que os romanos utilizavam um quadro de contagem chamado "ábaco", derivado do grego, que também se refere a uma mesa ou quadro. Inicialmente, os cálculos eram efectuados com pequenos seixos redondos chamados cálculos. São conhecidos cinco ábacos da época romana, incluindo pequenas versões em bronze. Mas, entre os antigos romanos, a palavra ábaco tinha vários significados relacionados com diferentes áreas, como a matemática, a arquitetura, a decoração de casas, o lazer, etc., embora, basicamente, todos se refiram a objectos formados por plantas rectangulares.

É de notar que, tal como os ábacos gregos antigos, estes dispositivos romanos apresentavam sinais e colunas para representar números e somas de dinheiro. No entanto, ao contrário dos exemplos gregos sobreviventes, que são feitos de placas de pedra, os ábacos romanos, como já foi referido, eram feitos de bronze, o que os tornava mais fáceis de transportar. Além disso, o facto de as peças estarem fixas em vez de soltas facilitava a sua utilização, o que sugere que os ábacos eram muito utilizados, embora só existam alguns exemplos actuais.

Por outro lado, Katz (2008) salienta que o debate sobre a existência de uma "matemática romana" ou se todos os conhecimentos matemáticos do Império Romano eram simplesmente uma extensão da "matemática grega" tem sido frequentemente discutido. Cícero (106 a.C.-43 a.C.), um proeminente orador romano, reconheceu que os romanos não demonstravam um interesse profundo pela matemática, limitando-a à sua aplicação prática à medição e à contagem. Apesar disso, Cícero, como magistrado e proprietário de terras, possuía os conhecimentos matemáticos necessários para gerir as contas e detetar fraudes. Embora seja verdade que não existia um equivalente romano de Euclides ou Arquimedes, os romanos empregavam a matemática para além do elementar. O autor afirma que o Império Romano se distinguiu pelos seus agrimensores, que construíram extensas redes de estradas e aquedutos que subsistem até aos nossos dias. No entanto, os manuais de topografia da época revelam que estes profissionais utilizavam sobretudo conceitos matemáticos básicos. Por exemplo, ()Lucius Columella, um proprietário romano do século I d.C., salientou a importância do conhecimento do cálculo de áreas para os que trabalhavam na agricultura, fornecendo fórmulas simples para o cálculo de áreas de figuras como quadrados, rectângulos, triângulos e círculos. $\left(\frac{1}{3}+\frac{1}{9}\right)\cdot s^2$ $\frac{22}{7}$ π. Para além disso, descreveu métodos como o cálculo da área de um triângulo equilátero com lado *s*, e utilizou como aproximação de .

No entanto, recorda que Vitrúvio, escritor do século I a.C., contemporâneo de Júlio César e de Augusto, é um exemplo de alguém com sólidos conhecimentos de matemática. Na sua obra "Sobre a Arquitetura", insiste que os arquitectos devem receber uma formação ampla, que vai do desenho técnico à astronomia. Vitrúvio sublinhou a importância da geometria na arquitetura, para a utilização de instrumentos como o compasso e a régua, e da aritmética para o cálculo dos custos de construção. Explicou também métodos práticos, como a determinação do norte verdadeiro com um gnómon e a resolução de problemas de simetria com princípios geométricos. Embora recomendasse conhecimentos matemáticos, apenas dava exemplos básicos de arquitetura, sem entrar em conceitos matemáticos avançados.

Cuomo (2021) também se refere a Vitrúvio, que o identifica não só como escritor, mas também como arquiteto e engenheiro militar. Na sua única obra, "La Arquitec- tura", aborda vários temas, destacando as máquinas e os relógios de sol no livro 10. Nesta obra, a matemática desempenha um papel crucial no seu trabalho, uma vez que a utiliza para desenhar planos de edifícios, determinar a direção dos ventos, calcular as proporções dos elementos de um templo a partir de um módulo padrão, construir vasos ressonadores para amplificar as vozes nos teatros de acordo com os princípios da armorna e elaborar um analema, que é a base dos relógios de sol. Além disso, Vitrúvio fornece medidas pré-estabelecidas para catapultas, calculadas de acordo com o peso do projétil, para ajudar aqueles que não estão familiarizados com os procedimentos geométricos a obter rapidamente esta informação durante um cerco.

Este mesmo autor, que também se refere a Marcus Junius Nipsus (século II d.C.), gramático romano que também se ocupou de várias questões matemáticas, faz referência ao papel da matemática no Império Romano. Os seus escritos sobreviventes incluem *o Corpus Agrimensorum Ro- manorum*, uma compilação de obras latinas sobre topografia. Para Cuomo (2021), a importância de Marcus Junius Nipsus é atribuída ao facto de ele ser um grande devoto do conhecimento matemático do agrimensor. Em sua obra "Medição de uma superfície", podemos ver definições de medidas e ângulos, seguidas de uma série de problemas, a maioria deles sobre triângulos, como "dado um número ímpar, formar um triângulo retângulo", "dado um número par, formar um triângulo retângulo". A este respeito, temos o seguinte excerto da obra de Marcus Junius Nipsus: medir a área de todos os triângulos por um único método, digamos, retângulo, ângulo agudo e obtusângulo. Nós trataríamos do assunto desta forma. Junto os três números de qualquer um dos três triângulos. Ou seja, o retângulo, cujos números são dados, o cateto 6 pés, a base 8 pés, a hi- potenusa 10 pés, eu ponho estes três números num só, e eles somam 24. O resultado é 12. Este eu ponho de lado, e deste número, isto é, de 12, subtraio os *(outros)* números in- dividuais. Subtraio 6: coloco o resto debaixo de 12. De forma análoga, subtraio a base, 8 pés, de 12: coloco o resto debaixo de 6. Depois multiplico 6 por 4. Multiplico-o por 2 e obtenho 48. Multiplico este valor por 12, o que dá 576. Deste valor tiro o nn'z, o que dá 24. Esta será a área. E a área dos outros triângulos será calculada da mesma forma.

(Cuomo (2021): 171)

Conclusões

Nesta fascinante exploração da história e das origens dos números, analisamos brevemente a forma como vários sistemas numéricos influenciaram o desenvolvimento humano. Desde o impressionante sistema hieroglífico egípcio ao avançado sistema sexagesimal babilónico, passando pelas complexas resoluções hindus e chinesas, cada método ilustra a criatividade e a adaptabilidade das civilizações antigas face aos desafios do quotidiano. Por exemplo, os egípcios criaram um sistema decimal utilizando hieróglifos para representar números como o dez, o que facilitou a contabilidade e a construção dos seus grandes edifícios. Por outro lado, os babilónios utilizavam um sistema sexagesimal, base das nossas actuais medidas de tempo e ângulos, e destacavam-se na utilização de fracções.

Quanto aos romanos, embora o seu contributo matemático não tenha sido tão teórico como o dos gregos, a sua abordagem prática foi crucial. Os romanos eram peritos em topografia e utilizavam a matemática básica para gerir o seu vasto império. Desenvolveram métodos simples mas eficazes para medir terrenos, calcular áreas e construir infra-estruturas como estradas e aquedutos. Os ábacos romanos, feitos de bronze com fichas fixas, eram instrumentos práticos para cálculos e registos no comércio e na administração. Embora os manuais de topografia romanos utilizassem métodos relativamente simples, como os descritos por Marcus Junius Nipsus para medir rios, eram adequados às necessidades da época. Isto mostra que, apesar de não possuírem uma teoria matemática avançada, os romanos integraram a matemática na sua vida quotidiana de uma forma muito funcional.

Um aspeto igualmente notável é a matemática chinesa antiga, que remonta a mais de 4000 anos e apresenta uma riqueza e originalidade próprias. Os antigos matemáticos chineses deram contributos significativos no domínio da aritmética" (Os Nove Livros da Matemática), evidenciando um conhecimento profundo e prático da matemática, incluindo conceitos avançados como a teoria das equações e a regra de três. Para além disso, os chineses já conheciam o teorema de Pitágoras muito antes de este ter sido formulado, descrevendo as propriedades dos triângulos rectos. Os antigos chineses também desenvolveram métodos para calcular raízes quadradas com uma precisão notável, utilizando procedimentos iterativos que anteciparam técnicas posteriores.

Compreender a história dos números e dos sistemas numéricos ajuda os educadores a ensinar aos alunos a importância da flexibilidade e da inovação na resolução de problemas matemáticos. Esta perspetiva histórica revela também a forma como diferentes culturas, incluindo a chinesa, contribuíram para o conhecimento matemático que hoje damos por adquirido. Esta compreensão permite aos professores sublinhar a relevância de conceitos como as aproximações decimais, o valor de π e as razões quadradas, que são fundamentais não só na teoria matemática, mas também em aplicações práticas na engenharia e na ciência. Em particular, o valor de *π* tem sido objeto de estudo e investigação durante séculos, desde as primeiras aproximações no Egito e na Babilónia até estimativas mais precisas em épocas posteriores. Assim, os educadores podem incentivar os alunos a apreciar tanto a história como as aplicações actuais da matemática, desenvolvendo uma compreensão que vai para além do material dos manuais escolares.

Embora esta análise tenha abordado brevemente a riqueza da matemática grega, é importante reconhecer que a sua profundidade e amplitude merecem uma atenção mais pormenorizada. Os gregos deram contributos significativos, com figuras importantes como Euclides, Pitágoras e Arquimedes a lançarem as bases de muitos ramos da matemática moderna. Da geometria à teoria dos números, a influência da matemática grega é extensa e significativa. Por conseguinte, foi decidido reservar uma análise mais exaustiva dos contributos gregos para futuras publicações, a fim de melhor compreender o impacto e o legado destes pioneiros do pensamento matemático.

Em suma, o estudo da história dos números e dos sistemas de contagem não só oferece uma visão do desenvolvimento cultural e tecnológico da humanidade, como também é crucial para a educação matemática contemporânea. Este conhecimento ajuda a compreender como o pensamento matemático se tornou uma constante universal, adaptando-se e evoluindo em diferentes contextos históricos e geográficos. Ao incorporar esta perspetiva no ensino, os alunos adquirem não só competências matemáticas, mas também um profundo respeito pelo legado intelectual da humanidade. Esta visão histórica e contextual enriquece a aprendizagem e promove uma compreensão duradoura da beleza e utilidade da matemática.

Para um professor de matemática, conhecer a evolução e o impacto histórico dos sistemas numéricos e matemáticos não só enriquece a sua própria compreensão da disciplina, como também fornece ferramentas para ensinar com maior profundidade e contexto. Ao integrar a história da matemática no ensino, os professores podem ajudar os alunos a relacionar conceitos abstractos com as suas aplicações históricas e culturais, promovendo uma apreciação mais profunda da disciplina. Além disso, este conhecimento permite que os educadores apresentem a matemática não apenas como um conjunto de técnicas e procedimentos, mas como uma disciplina viva e em evolução, destacando a forma como as ideias matemáticas influenciaram o desenvolvimento humano ao longo do tempo.

Bibliografia

[1] Arevalo, N (2011). Analisis historico-epistemologico del concepto de numero irra- cional y los obstaculos presentes en su transposition textual (licenciatura). Universidade do Vale. Https://core.ac.uk/download/pdf/157765269.pdf

[2] Beckmann, P. (2006). *Uma história de n.* México: Libraria, SA de CV.

[3] Berciano, A. (2007). *Matematicas en elAntiguo Egito.* Vasco.

[4] Caicedo, D., & Madrigal, G. (2017). *La historia de la matematica como recurso didactico y alternativa de aprendizaje de los numeros irracionales* [Dissertação de mestrado não publicada]. Universidade de Medellm. https://repository.udem.edu.co/ bitstream/handle/11407/4653/T_MEM_48.pdf

[5] Cardona, S., & Munoz, J. (2018). Episódios da aventura do irracional no alvorecer da modernidade [Dissertação de Mestrado, Universidade de Medellm]. https://repository.udem.edu.co/bitstream/handle/11407/6292/T_MEM_354.pdf? sequence =2&isAllowed=y

[6] Chaves, E., & Salazar, J. (2003). El papel y algunas condiciones para la utiliza- tion de la Historia de la Matematica como recurso metodologico en los procesos de ensenanza-aprendizaje de la Matematica. http://cimm.ucr.ac.cr/ojs/index. php/eudoxus/article/download/109/102

[7] Corrales, J. (2022). *Un paseo por el maravilloso mundo de los numeros: La historia como recurso didactico en matematicas* [Universidad de Alca la]. https://ebuah.uah.es/dspace/bitstream/handle/10017/53952/TFM_ Corrales_Martinez_2022.pdf?sequence=1&isAllowed=y

[8] Crespo, C. (2008). Acerca da compreensão e significado dos números irracio- nais na aula de matemática. http://www.soarem.org.ar/Documentos/41% 20Crespo.pdf

[9] Cuomo, S. (2001). Ancient Mathematics. Routledge. https://doi.org/10.4324/9780203995730

[10] Everett, C. (2021). *Os números fizeram de nós o que somos.* Critica, Barcelona.

[11] Eves, H. (1964). *An Introduction to the History of Mathematics.* Nova Iorque: Rinehart & Winston.

[12] Fachrudin, A.et al (2019). Tarefa baseada na história da China Antiga para apoiar o raciocínio geométrico e a literacia matemática dos alunos na aprendizagem de Pitágoras. Journal of Physics Conference Series, 1417(1), 012042. https://doi.org/10.1088/1742- 6596/1417/1/012042.

[13] Fernandez, E. (2010). A babilónia e a matemática na sala de aula. *Revista Digital de Ciencias Bezmiliana.* https://www.clubcientificobezmiliana.org/

revista/images/stories/babiloniamatematicasaula.pdf

[14] Garda, G. (2009). Notas para uma interpretação do método de Heron de Alejandria. https://semana.mat.uson.mx/semanaxxvii/Memorias/XIX.pdf .

[15] Gervan, H. (2015). A prática matemática no Antigo Egito: Uma releitura do Problema 10 do Papiro Matemático de Moscovo. *Edu.ar.* https://revistas.unc. edu.ar/index.php/anuariohistoria/article/view/12511/12787

[16] Gil, M. (s.d.). O declínio da matemática helenística e a matemática em Roma. Universidade de Castilla-La Mancha https://matematicas.uclm.es/itacr/web_matematicas/ papers/3/3_cases_math_helena_helena.pdf

[17] Gillings, R. (1982). *Mathematics in the Time of the Pharaohs (Matemática no Tempo dos Faraós*). Corporação Courier.

[18] Gonzalez, F., Martm-Loeches, M., & Pobes, E. (2010). A pré-história da matemática e a mente moderna: Pensamento matemático e recursão na paleohistória franco-cantábrica. *Dynamis, 30.* https://doi.org/10.4321/ s0211-95362010000100007

[19] Gonzalez, P. (2004). La historia de las matematicas como recurso didactico e ins- trumento para enriquecer culturalmente su ensenanza. http://www.revistasuma. es/index.php?option=com_docman&task=cat_view&gid=5&limitstart= 5

[20] Guzman, M. (2007). Ensenanza de las ciencias y la matematica. http://www. rieoei.org/rie43a02.pdf

[21] Ifrah, G. (1987). *From One to Zero: A Universal History of Numbers.* Penguin Books.

[22] Katz, V. (2008). A history of mathematics (3ª ed.). Pearson.

[23] Lupianez, J. (2009). Historia de la Ensenanza de las Matematicas. http://cimm. ucr.ac.cr/ojs/index.php/eudoxus/article/view/119

[24] Lynch, P. (2019, 4 de julho). O que é que os romanos fizeram pela matemática? Muito pouco. The Irish Times. https://www.irishtimes.com/news/science/what-did-the-romans- ever-do-for-maths-very-little-1.3940438

[25] Martmez, A. (2001). El diseno de piramides basadas en el triangulo sagrado egip- cio. *Boletm de la Asociación Espanola de Egiplologi'a, 11*, 7-20. https://dialnet. unirioja.es/servlet/articulo?codigo=2613392

[26] Mayoral, C. (2009). *Propuesta metodologica para la aproximacion de rcu'ces cuadradas, cubicas y quintas* [Tesis de maestri'a|. Universi- dade Tecnológica de Pereira. https://repositorio.utp.edu.co/items/ d033574d-8366-41a6-9c13-b9dc72037715

[27] Miralles de Imperial, J., & Deulofeu, J. (2005). Historia y ensenanza de la

matematica: Aproximaciones de las nn'ces cuadradas. *Educacion Matematica, 17*(1), 87-106.

[28] Morales, L. (2002). Las Matematicas en el Antiguo Egito. http://euler.mat. uson.mx/depto/publicaciones/apuntes/pdf/1-1-1-egito.pdf

[29] Moreno, R. (2012). *Las Matematicas de los faraones*. Nivola Libros y Ediciones, S.L.

[30] Ortiz, A. (2005). *Historia de la Matematica. Volume 1: La Matematica en la Antiguedad*. Edu.pe. https://textos.pucp.edu.pe/pdf/2389.pdf

[31] Pineda, D. & Nanez, Y. (2020). Desenvolvimento histórico-epistemológico dos números irracionais. In Sigma eBooks (Vol. 16, Número 1, pp. 33-49). https://dialnet.unirioja.es/descarga/articulo/7667725.pdf

[32] Platão (1990). Theaetetus (Balasch, M.). Editorial Anthropos (obra original publicada no século IV a.C.).

[33] Pena, E. (2013). *Historia de Numeros*. Umag.cl. Recuperado em 2 de fevereiro de 2024, de https://kataix.umag.cl/~edopena/material/apuntes/

[34] Ribnikov, K.(1987). História da matemática. Moscovo, Mir.

[35] Romero, J., et al. (2021). Análise de equações algébricas desde a cultura egípcia até aos dias de hoje. *Zenodo (CERN Organização Europeia para a Pesquisa Nuclear)*. https://doi.org/10.5281/zenodo.5500693

[36] Sanchez, M. (2012). Pitagoras, el teorema de Pitagoras: un secreto encerra- do en tres paredes. https://vivelacienciacom.wordpress.com/wp-content/uploads/2020/05/13gic-pitagoras.pdf

[37] Sirotic, N., & Zazkis, R. (2004). Making Sense of Irrational Numbers: Focusing on Representation. In *Proceedings of the 28th International Conference for the Psychology of Mathematics Education*, Bergen, Noruega, Vol. 4, pp. 497-505.

[38] Sirotic, N., & Zazkis, R. (2007). Números Irracionais na Linha dos Números - Onde Estão? *International Journal of Mathematical Education in Science and Technology, 38*(4), 477-488.

[39] Sirotic, N., & Zazkis, R. (2010). Representar e definir números irracionais: Expondo o elo perdido. *CBMS Issues in Mathematics Education*.

[40] Stewart, I. (2008). *História da matemática: Nos últimos 1000 anos*. Grupo Planeta (GBS). https://www.tomasdeaquino.cl/upfiles/documentos/31072018_853am_5b60780498062.pdf

[41] Suarez, J, Davila, & Esquivel, A. (2023). A matemática na Roma antiga, através do estudo da etnomatemática. Educateconciencia, 31(40), 101-126. *https* : //doi.org/10,58299/edu.v31i40,682

[42] Urbaneja, P. (2004). La historia de las matematicas como recurso didactico e ins- trumento para enriquecer culturalmente su ensenanza. *Suma: Journal on Teaching and Learning Mathematics, 45*, 17-28. http://funes.uniandes.edu. co/7239/.

Printed by Books on Demand GmbH, Norderstedt / Germany